"十四五"职业教育规划教材

U0271846

红肉猕猴桃 栽培技术

闫书贵 吴世权 王 荣/主 编

中国农业科学技术出版社

图书在版编目（CIP）数据

红肉猕猴桃栽培技术 / 闫书贵，吴世权，王荣主编 . -- 北京：中国农业科学技术出版社，2024.3
ISBN 978-7-5116-6741-0

Ⅰ.①红…　Ⅱ.①闫…②吴…③王…　Ⅲ.①猕猴桃—果树园艺
Ⅳ.① S663.4

中国国家版本馆 CIP 数据核字（2024）第 065231 号

责任编辑　崔改泵
责任校对　李向荣
责任印制　姜义伟　王思文

出 版 者　中国农业科学技术出版社
　　　　　　北京市中关村南大街 12 号　　邮编：100081
电　　话　（010）82109194（编辑室）（010）82109702（发行部）
　　　　　　（010）82109709（读者服务部）
传　　真　（010）82109698
网　　址　https:// castp.caas.cn
经 销 者　各地新华书店
印 刷 者　北京地大彩印有限公司
开　　本　210 mm×285 mm　1/16
印　　张　15.75
字　　数　336 千字
版　　次　2024 年 3 月第 1 版　2024 年 3 月第 1 次印刷
定　　价　78.00 元

《红肉猕猴桃栽培技术》
编辑委员会

前 言
QIANYAN >>>

　　猕猴桃原产于我国，是我国重点发展的新兴特色水果之一，栽培面积及产量均位居世界第一，栽培面积在我国水果中排名第九。猕猴桃是我国脱贫攻坚、农民发家致富的"银串串"和"金蛋蛋"，猕猴桃产业已成为我国猕猴桃主产区农业发展、产业扶贫、乡村振兴的支柱产业之一。

　　目前我国商业化栽培的猕猴桃主要分为绿肉、黄肉和红肉三种类型，栽培面积分别占 40％、30％ 和 30％。以红阳、东红、脐红等品种为代表的红肉猕猴桃因其颜色艳丽、花青素丰富、可溶性固形物高、口感佳等品种独有特点，被广泛认为是猕猴桃的第三代换代品种。良种良法，要实现红肉猕猴桃的高产、优质和高效栽培，急需普及推广配套栽培技术，急需开发相应的培训教材。

　　培养在当地"留得住、用得上"的技术技能人才，服务地方经济社会高质量发展，是职业教育的职责与担当。红阳猕猴桃原产于四川苍溪，红猕猴种植是当地及周边地区富民强县的领军产业。四川省苍溪县职业高级中学为作物生产技术专业开设了红阳猕猴桃栽培专业拓展课程，并组织全省部分中职学校种植类专业课教师、四川省苍溪县猕猴桃产业技术研究所研究人员、苍溪县农业农村局专家、宜宾职业技术学院教师、猕猴桃种植企业技术员和种植大户，于 2021 年编写了《优质红阳猕猴桃栽培技术》校本教材。

　　2022 年，在专家指导下，编写组对原《优质红阳猕猴桃栽培技术》作了修改，品种介绍从红阳扩展至以红阳为典型代表的整个红肉猕猴桃品系，增强了教材的思政元素，插入了大量彩色图片，增加了避雨栽培、果园物联网等新技术。

本教材以生产情境为基础，将红肉猕猴桃栽培技术分为认识红肉猕猴桃，掌握红肉猕猴桃的苗木培育技术，掌握红肉猕猴桃的建园技术，掌握红肉猕猴桃的果园管理技术，掌握红肉猕猴桃的整形修剪技术，掌握红肉猕猴桃的花果管理技术，掌握红肉猕猴桃园农业物联网的搭设与应用，掌握红肉猕猴桃的避雨栽培技术，掌握红肉猕猴桃的病虫害防治技术，掌握红肉猕猴桃的采收、贮藏与加工技术 10 大生产情境。每一情境又分 3 个任务，每个任务后面有思考练习、考核评价，适合学生自主学习。

本教材可作为中等职业教育农林牧渔类专业教材和"梨乡刀儿客"特色劳务品牌培训教材，也可作为广大果农的技术指导用书。

由于编者水平有限，书中错漏之处难免，恳请专家、读者指正，以便进一步完善。

编　者

目录 MULU

认识红肉猕猴桃

‖ 知识目标 ‖

1. 了解红肉猕猴桃的起源；

2. 理解红肉猕猴桃主要品种特点；

3. 掌握红肉猕猴桃的生长发育规律；

4. 掌握适宜红肉猕猴桃生长的环境条件。

‖ 能力目标 ‖

1. 能识别红肉猕猴桃的主要品种；

2. 能正确观察红肉猕猴桃的生物学特性；

3. 能根据红肉猕猴桃对环境条件的要求进行猕猴桃园选址。

‖ 思政目标 ‖

1. 帮助学生树立热爱农业、热爱家乡、热爱专业的情怀，树立振兴猕猴桃产业的志向；

2. 培养学生热爱"三农"的情怀，坚守服务"三农"的初心，树立服务"三农"的责任感；

3. 培养学生安全生产、吃苦耐劳、精益求精的工匠精神；

4. 培养学生团结协作、互帮互助的协作意识。

任务一 认识红肉猕猴桃的主要品种

任务目标

◯ **知识目标**

1. 了解红肉猕猴桃主要品种资源；

2. 了解红肉猕猴桃属性；

3. 了解品种权保护和原产地域产品保护概念。

能力目标

1. 能认识红肉猕猴桃的主要品种；
2. 能区分红肉猕猴桃与黄肉、绿肉猕猴桃的品种特性。

思政目标

1. 培养学生热爱家乡的情怀，树立振兴猕猴桃产业的志向；
2. 培养学生热爱"三农"的情怀，坚守服务"三农"的初心，树立服务"三农"的责任感；
3. 培养学生吃苦耐劳、精益求精的工匠精神；
4. 通过品种选育过程的学习，培养学生实事求是、尊重科学、重视知识产权保护等优良品质；
5. 培养学生团结协作、互帮互助的协作意识。

任务准备

知识要点

猕猴桃是多年生落叶藤本植物，属于猕猴桃科（Actinidiaceae）猕猴桃属（*Actinidia*）。根据猕猴桃属的最新修订，全世界猕猴桃植物有 54 个种 21 个变种（Lictal，2007），中国分布有 52 个种。我国长江流域是中华猕猴桃的起源中心，其自然分布遍及四川、重庆、云南、贵州、河南、陕西、湖北、湖南、江西、安徽、江苏、浙江、福建、广东、广西、甘肃、台湾等省份。猕猴桃在唐代就有记载，明代李时珍《本草纲目》（1590 年）记载猕猴桃"其形如梨，其色如桃，而猕猴喜食，故有诸名"。又因原产于中国，故称"中华猕猴桃"。

猕猴桃是 20 世纪由野生到人工商业化栽培驯化最为成功的四大果树种类之一，迄今已有 100 余年的栽培历史，在世界果树产业发展中具有重要的地位。我国猕猴桃商业化栽培起步较晚，1978 年第一次全国猕猴桃科研座谈会后，拉开了我国猕猴桃资源普查和品种培育的序幕。与此同时，国内猕猴桃产业迅速崛起，栽培面积由当时不足 1 hm²，发展成为目前的栽培面积和总产量全球第一的世界猕猴桃大国，是我国果树产业发展的新亮点。目前中国商业化栽培的品种主要分为绿肉、黄肉和红肉类型，3 个类型品种的种植面积分别占 40%、30% 和 30%。而红肉猕猴桃因其颜色艳丽、花青素丰富、可溶性固形物高、口感佳等独有特点，被广泛认为是猕猴桃的第三代换代品种。绿肉栽培品种主要有徐香、海沃德、贵长、秦美、翠香、金魁、翠玉等，黄肉栽培品种主要有金艳、金桃、金圆、华优、金梅等，红肉栽培品种主要有红阳、红华、红美、红昇、楚红、东红、晚红、脐红、红实2号等。

1. 红阳

红阳果实圆柱形，果实中轴部位呈放射状红色条纹，宛如一轮初升的太阳，光芒四射，故名"红阳"（图1-1-1）。红阳的主要营养成分：可溶性固形物含量高达19.6%，鲜果 V_C 含量高达135.77 mg/100g鲜重，含总糖13.45%、总酸0.49%，糖酸比为27∶45。除此之外，红阳猕猴桃还富含大量矿物质，如P 81.2 mg/kg、Ca 832.5 mg/kg、Fe 6.7 mg/kg、Cu 3.2 mg/kg、Fr 420 mg/kg、Zn 1.5 mg/kg、K 747.5 mg/kg、Na 550 mg/kg、Li 44 mg/kg等，以及17种人体所需的氨基酸、果胶柠檬酸、多种微量元素和维生素。果实品质优良，性状独特，为广大消费者所喜爱。

图1-1-1　红阳猕猴桃果实及剖面状

红阳（原代号：苍猕1-3），是四川省自然资源研究所、苍溪县农业农村局、苍溪县科委联合，在中华猕猴桃自然实生后代中选育而成的优质猕猴桃品种。

1982年，吴伯乐等人的课题组采集野生中华猕猴桃种子1 kg，播种于苍溪县龙岗山。1984年，该课题组从实生苗中选出壮苗3 213株，并于当年晚秋定植。1986年，有921株开始结果，发现其中有3株实生苗结出的果实果心中轴附近子房为红色。其中有2株果心为鲜红色，果实较大，单果重40～50 g，果皮为绿色，果肉为黄绿色；另1株果心红色较淡，果肉为黄色，果皮为黄褐色，果实较小，单果重20～30 g。当年9月中旬，课题组分别高接30株，进行性状观察。1989年，红阳（苍猕1-3）表现丰产稳产，果实整齐、果肉鲜艳、品质优良、果实耐贮。高接的无性系后代经连续3年的观察，其表

现性状与母本株基本一致，其红色依然表现出稳定性。1990 年，从这些高接的无性系后代中复选出果实较大、单果重 70 ~ 80 g、果肉黄绿色、果心鲜红色、品质优良的猕猴桃优良株系，分别在苍溪县海拔 600 m、750 m、1 200 m 和峨眉山引种栽培，研究其区域适应性。1995 年 9 月 15—17 日，四川省科委（现四川省科技厅）委托专家小组对开展品种选育的苍溪县田菜乡试验地和海拔 1 200 m 的生态点进行了现场验收，得到了专家小组的一致认可。1997 年，该品种通过了四川省农作物品种审定委员会审定，并定名为"红阳猕猴桃"。该成果获四川省政府 1997 年度科技进步奖三等奖。

红阳是世界上的珍稀优良猕猴桃品种，被国家列入保护资源。2003 年 10 月 31 日，苍溪县委、县政府向国家植物新品种权保护办公室申请了新品种权（申请号：20030407.0）保护，2005 年 1 月 1 日，国家新品种权保护办在第 33 期品种授权公告上向社会公告（品种权号：CNA20030407.0；公告号：CNA000531G）对该品种实施品种权保护。

红阳问世以来多次荣获农博会大奖和西部交流新产品金奖，1998 年被四川省科技厅列为重点推广新品种之一，2001 年获农业部（现农业农村部）全国优质猕猴桃评选第一名。2002 年在第五届国际猕猴桃研讨会上，红阳引起了国际猕猴桃界的轰动和关注，受到国内国际专家的一致推崇，因其独特的优良红色性状使其成为新一代主流品种和换代首选品种（图 1-1-2）。2004 年，红阳被国家纳入原产地域产品保护范畴。

图 1-1-2　红阳猕猴桃结果状

2. 红华

红华是由原苍溪县农业局和四川省自然资源研究所采用杂交育种选育而成的大果型红肉新品种。母本是选育"红阳"的同一批育种材料中的单株，该单株长势弱、果实小、果肉红色、风味特佳；父本是长势强旺、果实较大、果肉绿色、风味次之的美味猕猴桃雄株。2004年10月，红华通过省级品种审定（审定号：川审果树2004003号），并获得植物新品种权保护（王明忠等，2006）（图1-1-3）。

红华果实长，椭圆形，平均果重97g，果皮黄褐色，果面有极短的细茸毛，成熟时全脱落而光滑，果脐平坦或微凸。果肉沿中轴红色，横切面红色素呈放射状分布。肉质细嫩，有香气和蜂蜜味，口感佳，鲜果含可溶性固形物19%、总糖12%、有机酸1.4%、V_C含量70 mg/100g鲜重。果实耐贮性中等，在常温下可贮藏20 d左右，冷藏条件（1℃）下贮藏100～120 d。在武汉植物园种植，红华平均果重60～75 g，软熟果实含可溶性固形物18%、总糖12%、有机酸1.5%、V_C 53 mg/100g，果肉绿色或黄绿色，种子区果肉略现红印或无红色。

图1-1-3　红华猕猴桃结果状

红华生长势强旺，萌芽率为70%，成枝率和果枝率均高，坐果率为90%，以中、长果枝结果为主，花着生在第2～7节，花量大，单花结果。嫁接苗第三年结果，第五年进入盛果期，平均株产18～24 kg果实。

该品种抗逆性较强，春夏季无卷叶和枯焦现象，栽培中若连续5 d以上强日照必须灌溉保湿，花期怕低温阴雨，抗病虫能力较强。在四川省苍溪县，红华3月上旬萌芽，4月中旬开花，9月下旬果实成熟。

3. 红美

红美由苍溪猕猴桃研究所和四川省自然资源研究所从野生美味猕猴桃实生苗中选育而成，2004年10月通过省级品种审定（王明忠等，2005）。

红美（图1-1-4）果实圆柱形，果顶微凸，平均果重73 g，果皮黄褐色，密生黄棕色硬毛，少数有纵向缢痕，整齐。果肉7月初开始变红，种子外侧果肉红色，横切面红色素呈放射状分布，可直达果实两端。肉质细嫩，微香，口感好，易剥皮，鲜果含可溶性固形物 19%、总糖 13%、有机酸 1.4%、V_C 115 mg/100g。

该品种树势强健，生长量大，一年生枝长可达 6 m，成枝力强。新梢黄绿色，其上密生黄棕色糙毛，成熟时糙毛脱落，一年生枝褐色。叶片近圆形，叶面浓绿，有光泽，叶背灰绿，有茸毛。花量大，单花占 70%，以中短果枝结果为主，花芽起始节位在结果母枝的第 1～2 节，多为第二节，盛产期平均株产 20 kg 左右。该品种适宜种植在夏季冷凉区域，有利于果肉着红色；抗病虫害能力较强，但对旱、涝、风的抵抗力较差。

图 1-1-4　红美结果状

在四川北部海拔 1 000 m 的山区，红美 3 月上旬萌芽，5 月上旬至中旬开花，10 月中下旬果实成熟采收。

4. 红昇

红昇由四川苍溪猕猴桃研究所和中科院武汉植物园于 1983 年从河南伏牛山采集一大批野生中华猕猴桃种子，在苍溪石马开展大规模播种，培育实生种苗。2000 年，注意到红色果肉表型 5 个。2000—2005 年，经过初步观察与粗略记载，有 3 个果实性状稳定（编号：L，L-1，L-2）。2005—2010 年，获得 3 个优良株系完整的植物学性状、栽培性状及果实品质数据，发现 L 最为突出，对 L 进行扩繁，性状稳定。2009—2010 年，对 L 进行了分子遗传鉴定，获得 L 与现有红肉品种不同的分子指纹图谱，表明该 L 在遗传上与现有品种完全不同，具有独特性，定名为"红昇"。

红昇（图 1-1-5）以中短枝结果为主，坐果率中等，树势较强。新梢被茸毛，枝条皮孔长椭圆形，叶阔卵形，叶锐尖，叶基不相接，被稀疏茸毛，果皮具中等大小皮孔，果皮黄褐色，黄肉红心，红度 a* 平均达到 17～23，红色小隔区较长，在种子到中果皮方向延伸较多。

图 1-1-5　红昇结果状

红昇果实（图 1-1-6）长圆柱形，稍扁，果皮黄褐色，长 5.8 ~ 6.6 cm，横切面（4.9 ~ 5.1）cm×（4.0 ~ 4.3）cm，平均果重 83 g，最大 117 g。外果皮金黄色，内果皮有鲜艳的红色放射条纹，红度值 a* 平均达到 20，红色小隔区较长，在种子到中果皮方向延伸较多；果肉细腻多汁，有香气，味甜但略带微酸，可溶性固形物 17% ~ 21%，平均值为 18.3%，可滴定酸含量为 1.08%，鲜果 V_C 含量 47.2 mg/100g，果糖、葡萄糖、蔗糖及肌醇总量为 194.85 mg/g，单果种子数 240 ~ 380 粒，千粒重 1.47g。常温下可贮藏 3 ~ 4 周，标准商业冷库可贮藏 134 ~ 152 d，好果率高于 80%，丰产性好，每 667 m² 产果可达 1.8 ~ 2.2 t。

在四川省苍溪县，红昇 3 月初萌芽，4 月中旬开花，9 月初果实成熟（可溶性固形物 ≥ 7.5%），12 月中旬落叶休眠。

图 1-1-6　红昇果实

5. 楚红

楚红是湖南省园艺研究所于1994—2004年从野生资源中选育的猕猴桃新品种（图1-1-7），2005年3月通过湖南省农作物品种审定。

楚红果实长椭圆形或扁椭圆形，平均果重70～80 g，果皮深绿色无毛，果点粗。果肉黄绿色，近中央部分中轴周围呈艳丽的红色，横切面从外到内呈现绿色→红色→浅黄色；果肉细嫩，风味浓甜可口，可溶性固形物平均含量14%～18%，最高可达21%，有机酸含量1%～2%，固酸比约11∶1，鲜果V_C含量为100～150 mg/100g鲜重，香气浓郁，品质上等。果实贮藏性一般，在湖南长沙，9月中下旬采收后，在室温下贮藏7～10 d即开始软熟，约15 d开始衰败变质，生产上宜采用冷藏，在低温（2 ℃左右）冷藏条件下可贮藏3个月以上。

楚红植株生长势较强，萌芽率约55%，结果枝率约85%。花为单花，少数聚伞花序，果实着生在结果枝的第2～10节，每个结果枝坐果3～8个，平均坐果6个，坐果率超过95%。开始结果早，丰产稳产，嫁接苗定植后第二年结果，第三年平均株产18 kg以上，第四年平均株产32 kg左右。

该品种适应范围广，具有较强的抗高温干旱和抗病虫能力，在中低海拔地区均能生产栽培，而以夏季七八月平均气温在27 ℃以内，湿度较大的区域栽培最能体现其果实红心的特性。

图1-1-7　楚红结果状

6. 东红

东红是由中国科学院武汉植物园于2001—2010年从红阳实生后代中选育而成，2011年申请新品种保护，获得受理，2012年12月通过国家品种审定（国S-SV-AC-031-2012）。

东红果实长圆柱形，平均单果重 70 ~ 75 g，果顶圆、平，果面绿褐色，光滑无毛，整齐美观，果皮厚，果点稀少。果肉金黄色，果心四周红色鲜艳，色带略比红阳窄；肉质地细嫩，汁中等多，风味浓甜，香气浓郁，含可溶性固形物 15% ~ 21%、干物质 18% ~ 23%、总糖 10% ~ 14%、有机酸 1.0% ~ 1.5%、V_c 100 ~ 153 mg/100 g 鲜重；矿质营养丰富，特别是 K（2 600 mg/kg）和 Ca（446 mg/kg），耐贮性强（图 1-1-8）。果实采后 30 ~ 40 d 以后才开始软熟，果实微软时就可食用，食用期 15 d 以上。

东红树势中等偏旺，枝条粗壮，一年生枝茶褐色，二年生枝红褐色，老枝黑褐色。叶片大，叶色浓绿，叶正面平展，深绿色无毛；叶背绿色，被毛灰绿色；叶脉绿色，叶柄向阳面有微红色，被毛灰绿色；叶基部心形。花瓣 5 片，基部分离，乳白色，花冠直径 4.2 cm，柱头直立、32 ~ 35 枚，花药 56 ~ 60 枚，雄蕊退化。

萌芽率约 70%，果枝率约 88%，坐果率 95%。平均每果枝有 5 ~ 9 个花序，在结果枝的第 1 ~ 9 节着生，花有单花、二花和三花，幼树以单花为主，单花占 88% ~ 100%；成年树以三花和单花为主，三花和单花分别约占 43%、46%。嫁接苗定植第二年少量结果，第三年大量结果，第四年平均株产 13 kg 以上。

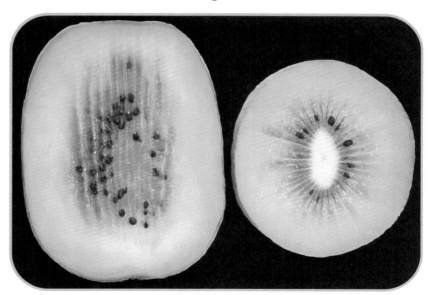

图 1-1-8　东红果实剖面状

7. 晚红

晚红是陕西省宝鸡市陈仓区桑果工作站、岐山县猕猴桃开发中心、眉县园艺站和周至县猕猴桃试验站于 1998 年从四川省苍溪县猕猴桃研究所引进红阳接穗，经高接换种后于 2002 年发现一晚熟优株，经子代鉴定和区域试验，2009 年 3 月通过陕西省级品种审定，是陕西省自主选育的首个红肉猕猴桃新品种。

果实圆柱形，整齐，平均单果重 90 g，果顶平或凸出，梗洼浅。果皮厚，褐绿色，难剥离，被褐色软短茸毛，成熟时果面较光滑。果肉黄绿色，果心四周红色，质细多汁，味甜适口，风味浓香，鲜果含可溶性固形物16%、有机酸1.2%、V_C 97 mg/100g鲜重，果心小、柱状。在陕西宝鸡秦岭9月下旬，果实采后的后熟期20～30 d。

晚红生长势中等，萌芽率较高，成枝力强。枝条粗壮充实，以长、中果枝结果为主，结果枝从基部第三节开花结果。适应性较广，抗日灼、抗寒、抗晚霜（图1-1-9）。

在陕西省宝鸡秦岭北麓区域，晚红3月中旬萌芽，4月下旬开花，花期持续5～7 d，果实9月下旬成熟。

图1-1-9　晚红结果状及剖面状

8. 脐红

脐红（大红、海红）为自然杂交实生后代，在陕西省宝鸡市蟠溪金区党家堡村果园发现，后经周至县猕猴桃试验站引入培育成为优良株系。

果实长椭圆形，平均单果重110～150 g，果皮褐色。果肉黄色或黄绿色，质细汁多，甘甜爽口，风味浓郁，果心小，呈圆形，乳白色，周围具有深红色（红心果）（图1-1-10）。可食时含可溶性固形物20%，总糖1.7%（属低糖猕猴桃），有机酸1.5%。果实成熟采收后，在室内自然温度（8～15 ℃）下30 d后可食，货架期52 d左右；在0 ℃条件下，可贮存3～5个月。

脐红树势强健，前期（春夏）生长旺，生长量大，较抗溃疡病。叶片椭圆形较大，纵径平均约17 cm、横径约15 cm，正面深绿色，背面灰白色。一年生枝褐绿色，节间长6 cm，每个结果枝结果4～6个，结果早、丰产性好。

在陕西周至，脐红3月中、下旬展叶现蕾，4月下旬开花，10月上旬果实成熟。果实生长发育期150～170 d，属晚熟品种。

图 1-1-10　脐红果实

9. 红实 2 号

红实 2 号是四川省自然资源科学研究院从红阳与 SF0612M 杂交实生后代中选出的红肉猕猴桃新品种，2014 年通过四川省农作物品种审定委员会审定（审定号：川审果树 2013002 号），2016 年获得农业农村部植物新品种权（品种权号：CAN201302133.4）。

该品种果实较大，自然生长条件下平均单果重 77.64 g（图 1-1-11）。品质优良，鲜果 V_c 含量为 184.3 mg/100g、总糖 7.26%、总酸 1.84%、可溶性固形物含量 17.1%、干物质含量 19.6%。种子外侧果肉为黄色，果实子房鲜红色，呈放射状。果实有香气，口感好，酸甜适中。

红实 2 号长势强，植株健壮，丰产性好，每 667 m² 产果 1.5 ~ 2 t。红实 2 号成熟期晚，抗病虫性较强，适合四川海拔 800 m 以下，年平均气温 15 ~ 18℃，年降水量 1 000 ~ 1 500 mm，土壤疏松透气、富含腐殖质、排水良好，土壤 pH 值 5.5 ~ 6.5 的地区栽培。

图 1-1-11　红实 2 果实

训练任务

➲ 工具准备

准备好调查用的笔记本电脑或智能手机和笔。

➲ 任务安排

学生分学习小组在猕猴桃果园开展调查活动。

➲ 任务要求

1. **调查准备**　通过网络查询、期刊查询、图书借阅等途径，了解世界及我国主栽红肉猕猴桃品种现状。

2. **调查活动**　在查阅资料的基础上，进一步通过走访当地猕猴桃管理部门、猕猴桃专业技术人员、种植企业、种植大户，了解下面情况：

（1）目前国内外主要猕猴桃栽培区域分布情况，主要栽培品种有哪些；

（2）红肉猕猴桃在区域农业生产中的地位；

（3）红肉猕猴桃的主要优缺点。

3. **问题处理**　请用不少于300字的篇幅，写出你所了解的红肉猕猴桃品种情况及其生产中的主要问题，并提出解决生产中问题的建议，在老师指导下与同学们进行交流。

思考练习

1. 红肉猕猴桃的代表品种有哪些？

2. 简述红肉猕猴桃果实的主要特点。

3. 简述在网上查询红肉猕猴桃在全国、全世界推广情况。

4. 了解你家乡红肉猕猴桃栽种情况和对果农致富的作用。

红肉猕猴桃品种及种植情况调查实习

实习地点：

班级：_____　组别：_____　姓名：_____　成员：_____

考核项目		内容	分值	得分
技能操作（55分）（以小组为单位考核1、2、4项，第3项考核个人）	1	完成红肉猕猴桃在全国和全世界分布情况的网上调查	10	
	2	完成本乡镇或村内红肉猕猴桃种植情况调查	10	
	3	掌握本地主要红肉猕猴桃品种特性	15	
	4	了解红肉猕猴桃产业对果农致富的作用	20	
素质（35分）	调查能力	调查内容缺失1项扣5分，不完整酌情扣1～3分	10	
	安全意识	搭乘不安全车辆扣2分，公私财物保护不当扣2分，工具使用不规范扣1～2分	5	
	纪律出勤	无故缺席扣5分，迟到早退每次扣1分，其他违纪情况酌情扣1～5分	5	
	"三农"意识	损坏果树、庄稼扣2～5分，文明用语不当扣2分	5	
	劳动意识	调查现场清理不到位扣2分，劳动任务完成不好扣3分	5	
	团结协作	无合作探究氛围，不互助互学，不合作解决问题，各扣1分	5	
反思（10分）	作业总结	作业不认真、不规范，格式不符合要求，书面不整洁，不按时完成各扣2分；不及时完成问题处理与反思总结扣5分	10	
合计			100	
评价人员签字		1. 任课教师： 2. 实习指导教师： 3. 专业带头人： 4. 园区（企业或行业）技术员：		

任务二 认识红肉猕猴桃的植物学特征

任务目标

知识目标

1. 掌握红肉猕猴桃根、芽、枝蔓、叶等营养器官的基本形状和类型；
2. 掌握红肉猕猴桃花、果实等器官的基本形状。

能力目标

1. 能够辨别红肉猕猴桃根系类型，借助显微镜认识根尖结构；
2. 能够认识芽的类型，借助显微镜认识芽的结构；
3. 能够认识枝蔓、叶，区别不同种类猕猴桃与红阳树枝蔓、叶的区别；
4. 增强学生观察问题、分析问题、解决问题的能力。

思政目标

1. 培养学生热爱家乡的情怀，树立振兴猕猴桃产业的志向；
2. 培养学生热爱"三农"的情怀，树立服务"三农"的责任感；
3. 增强学生尊重自然的意识，树立生态环保理念；
4. 培养学生团结协作、互帮互助的协作意识。

任务准备

知识要点

1. 根 红肉猕猴桃栽培植株一般选用美味猕猴桃作砧木，现也有不少地方选择抗性更强的其他类猕猴桃作砧木。美味猕猴桃根为肉质根，嫩而脆，皮层厚。新生根初为白色，随生长延长逐步变深。颜色变化基本为：白色→黄色→黄褐色→褐色→黑褐色（图1-2-1）。经个别区域试验，基砧选用水杨桃，中间砧选用米良，品种选用红阳，其抗性、丰产性均较好，尤其是在重建园中表现良好。

2. 芽 红肉猕猴桃的芽有定芽和不定芽之分，定芽产生

图 1-2-1 砧木根系

于枝蔓上的叶腋间隆起的海绵状芽座中；不定芽是枝蔓受伤或受刺激后，由主干、枝蔓的局部组织分化成芽的分生组织而产生的芽。红肉猕猴桃的芽按其发育程度又可分为饱满芽、较饱满芽和隐芽。按其组成结构还可分为叶芽和混合芽，叶芽只萌发枝蔓，混合芽既萌发枝蔓，又产生花。

红肉猕猴桃花芽为混合芽（图1-2-2）。其生理分化期主要集中在6月上旬至8月上中旬，形态分化及性细胞成熟期从当年芽萌发开始，到花蕾鳞片松动时结束。在红阳猕猴桃原产地苍溪县，海拔600 m区域，其生理分化期则为2月中旬至4月上中旬。充足的光照、适宜的温度、良好的湿度、肥沃的土壤、微小风力，以及合理的施肥、灌水、修剪等，有利于树体营养积累的内外环境及栽培措施，均能促进花芽分化。

图1-2-2　红阳猕猴桃芽

3. 枝蔓　红肉猕猴桃的枝蔓因不同品种特点略有不同。代表品种红阳猕猴桃生长势强，嫩枝青绿色，薄被灰色茸毛，毛早脱后光滑无毛。成熟的一年生枝黄褐色，多年生枝红褐色，枝干皮孔长椭圆形，灰白色（图1-2-3）。

图1-2-3　红阳猕猴桃枝蔓

4. 叶   不同品种的叶形状、大小均有差异，代表品种红阳猕猴桃叶为心脏形，叶柄长 6 ~ 7 cm，叶片长 18 ~ 20 cm、宽 14 ~ 19 cm，叶色浓绿，叶背脉凸明显，叶背被灰白色茸毛，叶缘浅锯齿，无芒（图 1-2-4）。

图 1-2-4   红阳猕猴桃叶

5. 花   红肉猕猴桃的花为单性花，腋生。不同品种其花大小、色泽有差异。代表品种红阳猕猴桃花蕾较大，花冠乳白色，花瓣 6 片，花冠直径 3.8 ~ 4 cm，雌花柱头呈匙形，长 0.5 ~ 0.6 cm，花柱 30 ~ 35 枚，花丝长 0.6 cm，萼片呈三角形，5 ~ 6 片（图 1-2-5）。红肉猕猴桃顶花和一级侧花结果良好，部分二级侧花往往在花瓣原基形成期发生败育，产生畸形果。

图 1-2-5   红阳猕猴桃花

6. 果实   红肉猕猴桃果实为浆果，不同品种其果形、果毛、果皮颜色均有差异。代表品种红阳猕猴桃果形短圆柱形，果顶和果基凹陷，果皮绿色，果毛柔软易脱，果皮薄，果肉黄绿色，中轴白色，子房鲜红色，呈放射状图案。果柄长 3.3 cm，果实纵径 5.88 cm，横径 4.56 cm、侧径 4.77 cm，平均单果重 68.8 g，最大单果重 130 g（图 1-2-6）。

图 1-2-6　红阳猕猴桃果实

工具与材料准备

　1. 工具准备

　准备好观察记载表和笔、游标卡尺、皮尺。

　2. 材料准备

　准备好红肉猕猴桃的枝、叶、果及树苗。

任务安排

　1. 以学习小组进行观察、记载。因红肉猕猴桃生长周期长，在某一时段不能完成所有观察，小组可以在不同时间进行观察，待完成观察任务后上交记载表。

　2. 地点为猕猴桃果园。

任务要求

　1. 观察准备　一是要准备好记录表册；二是认真研究记录项目，提前熟悉相关知识。

2. 观察活动 红肉猕猴桃植物学特性观察。选择红肉猕猴桃植株，观察其植物学特性，并进行记录。

红肉猕猴桃植物学特性观察记录表

观察品种：_____

观察项目	主要观察内容	观察结果	观察时间	备注
根	观察侧根的颜色、长度、粗度、皮层；观察主根与侧根生长情况、分布状况			
枝蔓	观察春梢与秋梢的颜色、茸毛、皮孔、粗度、长度			
叶片	观察叶的形状、长度、宽度，叶柄长度，叶正面与背面颜色，叶缘形状			
花	观察花的位置、花冠颜色、直径、柱头形状、颜色及个数、花药颜色与形状			
果实	观察果实形状、果顶、果基、中柱、子房、果实纵径与横径、果实重量			

思考与练习

1. 红肉猕猴桃枝蔓有什么特点？其在生产上如何保证枝蔓均匀分布？

2. 红肉猕猴桃根系有什么特点？生产上如何进行土壤和水分管理？

3. 红肉猕猴桃果实生长有什么特点？生产上如何保证果实的充分膨大，减少日灼果？

4. 通过网络查询，比较红肉猕猴桃与绿肉猕猴桃、黄肉猕猴桃果实的营养成分及其品质优势。

考核评价

红肉猕猴桃植物学特性观察实习

实习地点：

班级：_____　组别：_____　姓名：_____　成员：_____

考核项目		内容	分值	得分
技能操作（55分）	根观察	对根结构、分布、颜色观察不到位扣2～5分	10	
	枝蔓观察	不能分清枝蔓的类别扣3～5分，不了解枝蔓特点扣2分	10	
	叶观察	不能分清叶结构扣2～5分，对叶缘、叶色特点不明扣2分	10	
	花观察	对花的结构不了解扣2～5分，对花的特点不明扣2～5分	10	
	果实观察	对果实结构不了解扣2～5分，对果实特点不明扣2～5分	15	
素质（35分）	调查能力	调查内容缺失1项扣5分，不完整酌情扣1～3分	5	
	安全意识	搭乘不安全车辆扣2分，公私财物保护不当扣2分，工具使用不规范扣1～2分	5	
	纪律出勤	无故缺席扣5分，迟到早退每次扣1分，其他违纪情况酌情扣1～5分	5	
	"三农"意识	损坏果树、庄稼扣2～5分，文明用语不当扣2分	5	
	劳动意识	调查现场清理不到位扣2分，劳动任务完成不好扣3分	5	
	团结协作	无合作探究氛围，不互助互学，不合作解决问题，各扣1分	5	
	环保意识	乱丢乱扔垃圾扣2分，调查中损坏果树枝叶酌情扣1～5分	5	

考核项目		内容	分值	得分
反思 （10分）	作业总结	作业不认真、不规范，格式不符合要求，书面不整洁，不按时完成各扣2分；不及时完成问题处理与反思总结扣5分	10	
合计			100	
评价人员 签字	1.任课教师： 2.实习指导教师： 3.专业带头人： 4.园区（企业或行业）技术员：			

 任务三　认识红肉猕猴桃的生物学特性与生态习性

🔘 知识目标

1. 了解红肉猕猴桃根的生长发育特点；
2. 了解红肉猕猴桃枝蔓生长特性；
3. 掌握红肉猕猴桃开花、结果及果实发育特点；
4. 掌握红肉猕猴桃生长发育对环境条件的要求。

🔘 能力目标

1. 能够理解红肉猕猴桃根系特点；
2. 能够熟悉红肉猕猴桃开花、坐果及果实发育特性；
3. 能够明确红肉猕猴桃主要物候期；
4. 增强学生观察问题、分析问题、解决问题的能力。

🔘 思政目标

1. 培养学生热爱家乡的情怀，树立振兴猕猴桃产业的志向；
2. 培养学生热爱"三农"的情怀，学生服务"三农"的责任感；
3. 增强学生尊重自然的意识，树立生态环保理念；
4. 培养学生团结协作、互帮互助的协作意识。

任务准备

➔ **知识要点**

1.红肉猕猴桃生长特性

（1）根系生长特性

红肉猕猴桃栽培植株一般选用美味猕猴桃作砧木，主根不发达，在实生苗长出 6 ～ 7 片叶时，开始停止生长，其结构功能逐渐被侧根替代。侧根和须根多而密集，组成发达的根系，须根是主要的吸收根。

红肉猕猴桃根系在土壤中的分布受土壤类型、土壤质地、土壤持水量、地下水位高低、土壤营养和地上枝蔓生长发育强弱的影响而变化。一般土壤水平下，根系集中分布于地表下 20 ～ 50 cm 处，在土壤疏松、土层深厚、土壤团粒结构好、腐殖质含量高、土壤湿度适宜的园地，水平根系延伸范围可达地上冠径的 2 ～ 3 倍；在瘠薄、地下水位高、质地硬的土壤中，其侧根、须根不发达，根量少，根系小，且分布浅、窄。

根系在土壤温度 8 ～ 10 ℃时开始活动，15 ～ 20 ℃时生长最旺盛，30 ℃以上时，停止产生新根。根系受伤后，在适宜的温、湿度条件下能迅速产生愈伤组织，并萌发新根或不定芽。根系导管发达，早春树液流动后根压大，伤流严重，因此应避免在生长期伤根。根系一年有 3 ～ 4 个生长高峰，一是弱生长高峰即伤流期；二是强生长高峰，在新梢迅速生长期后；三是较强生长高峰，在果实迅速膨大期后；四是缓慢生长高峰，在采果后到落叶前。

（2）枝蔓生长特性

红肉猕猴桃的枝具蔓性生长特性，故常称为枝蔓。红肉猕猴桃枝蔓生长特性：①无卷须，起初直立，随后长势转弱时按逆时针方向缠绕攀缘他物，或相互缠绕向上生长；②不同品种枝蔓年生长量不一，代表品种红阳猕猴桃枝蔓年生长量大，一年生枝蔓可长达 4 m 以上，且一年分枝 2 ～ 3 次；③背地性较强，上位芽萌发抽蔓旺盛。

目前人工栽培的红肉猕猴桃大棚架为"一主干、二主蔓、八侧蔓"树型，由主干、主蔓、侧蔓（结果母枝）、结果枝和营养枝组成。主干由红肉猕猴桃嫁接苗的接芽向上生长形成，一般高为 1.7 m；主蔓为两个，是由主干向上延伸生长而形成的多年生枝蔓；侧蔓为结果母枝蔓，是着生在主蔓上且第二年具有抽生结果枝蔓能力的枝蔓；结果枝蔓是着生在侧蔓（结果母枝蔓）上，具有开花结果能力的当年生枝蔓。结果枝蔓按其生长势和枝蔓的长度又可分为长结果枝蔓（ 50 ～ 100 cm）、中结果枝蔓（ 30 ～ 50 cm）、短结果枝蔓（ 10 ～ 30 cm）和超短结果枝蔓（小于 10 cm，也称丛状结果枝蔓）。营养枝蔓，又称为发育枝蔓，为主蔓上生长的备用替换枝蔓。

红肉猕猴桃的枝蔓（图 1-3-1）一般每年有 2 个生长高峰。第一个生长高峰在 4 月中旬至 5 月中旬，为一年中生长最快的时期，最大日生长量可达 8 ~ 10 cm；第二个生长高峰在 7 月上旬至 9 月中旬。新梢的加粗生长几乎与加长生长同步，随着新梢的加长生长同时也加粗生长。但加粗生长主要集中于前期，5 月上中旬至下旬加粗生长出现第一高峰，至 8 月中旬又出现小的加粗生长高峰，之后趋于缓慢加粗状态，然后逐步停止。

图 1-3-1　枝蔓

（3）叶的生长特性

红肉猕猴桃叶片早春萌芽后即开始展叶，其后开始迅速生长，到叶片大小接近成熟叶片总面积的 80% ~ 90% 时，转入缓慢生长。通透条件下，成熟的叶片从定形到落叶前 10 d 左右，光合作用最强，制造和输出的养分最多。

红肉猕猴桃具有光合作用和呼吸作用，当光合作用大于呼吸作用时，积累养分，并向树体营养生长及果实生长发育供输营养；当呼吸作用消耗物质多于光合作用合成时，消耗所积累的营养，不利于树体的营养生长与生殖生长，树势弱，易早衰，甚至死亡。一般昼夜温差大于 10 ℃以上地区种植红肉猕猴桃更有利于营养积累，树体生长强壮、果实固形物较高。

红肉猕猴桃叶片可分为功能叶和无效叶。具有营养积累功能的叶叫功能叶，也叫有效叶，主要分布于主蔓、侧蔓和结果母枝蔓通风透光处，这种叶片的光合作用强，制造并向其他器官输出营养多。无效叶主要指尚未成熟定形的幼嫩叶、荫蔽叶、病虫害或风等机械伤造成大面积失绿或破损的叶，以及临近脱落的衰老叶片，这种叶片光合作用很弱，往往自身养分消耗大于合成积累。

（4）花的生长特性

红肉猕猴桃开花的时间和花期的长短因品种不同而异，同一品种受环境条件影响也有变化。代表品种红阳猕猴桃一般在原产地四川苍溪海拔 600 m 高度果园初花期为 4 月中旬，盛花期 4 月下旬，尾花期在 4 月底或 5 月上旬，花期一般 6 ~ 7 d（图 1-3-2）。健壮而向阳枝蔓的中部花先开，主花先于侧花开，下部花先于上部花开，内部花先于外部花开，架面下荫蔽处枝蔓花开得最晚。

图 1-3-2　花

（5）果实的生长发育特性

红肉猕猴桃坐果率高，没有明显的生理落果，不同品种其生长时期有差异。

迅速生长期：自 5 月中下旬坐果后至 7 月上旬，50 d 左右。本期是果实体积和鲜重增量最大的时期，占成熟果实体积和重量的 70% ~ 80%，种子白色。

慢速生长及着色期：自 7 月上中旬至 8 月上中旬约 30 d。本期果实增长较慢，果心开始着色，种子由白色渐变为浅褐色。

微弱生长期：自 8 月中下旬至采收，本期果实体积及重量增长均小，但营养物质的浓度提高很快，种子颜色更深、更加饱满。

生理后熟期：果实采收到果实自然软化的阶段，果实体内营养物质充分转化，果实内含物含量达到最高。

2. 结果特性

红肉猕猴桃结果早，属于早果性水果（图 1-3-3）。定植后第一年有 30% ~ 40% 的植株能试花结果，第二、第三年可全部结果，第四年进入盛果期。成年树以春梢结果母枝蔓结果为主，约占 80%，母枝蔓更新能力强。结果枝蔓多着生于结果母枝蔓的中后部，以中、长果枝蔓结果为主，每结果枝蔓可挂果 1 ~ 4 个，最多 5 个果，平均 2 个果，且能连续结果，短果枝蔓寿命较短。各类果枝蔓的坐果率均高，生理落果少。大棚架成年树一般单株产量 15 ~ 20 kg，每 667 m² 产果 1 500 ~ 2 000 kg，且产量稳定。

图 1-3-3 结果特性

3. 主要物候期

伤流期：红肉猕猴桃任何部位受伤后不断流出树液的时期就是红肉猕猴桃的伤流期。一般在早春萌芽前约半个月到萌芽后的一段时间，为期近 2 个月，具体时间因品种不同而略有差异，红阳猕猴桃在四川苍溪约为 2 月上旬至 4 月下旬。

萌芽期：指全树有 5% 的芽的鳞片裂开的时期，芽露白一般为 3 月上、中旬。

展叶期：指全树有 5% 的叶开始展开的时期，一般为 3 月下旬。

新梢开始生长期：指全树有 5% 的新梢开始生长的时期，一般为 4 月上旬。

现蕾期：指全树有 5% 的枝蔓基部现蕾的时期，一般为 4 月上旬。

始花期：指全树有 5% 的花朵开放的时期，一般为 4 月上中旬。

盛花期：指全树有 75% 的花朵开放的时期，一般为 4 月中下旬。

终花期：指全树有 75% 花朵的花瓣凋落的时期，一般为 4 月下旬。

坐果期：指全树有 50%～95% 花朵的花瓣凋落的时期，一般为 4 月下旬至 5 月上旬。

新梢第一次生长期：指全树有 5% 的新梢开始第一次生长的时期。一般在 4 月中旬至 5 月下旬。

果实迅速生长期：指果实坐果后开始生长至 75% 果实迅速增长停止的时期，一般为 5 月上中旬坐果后至 7 月上旬。

二次新梢生长期：指全树有 5% 的新梢开始第二次生长的时期，一般在 7 月中旬至 9 月中旬。

果实成熟期：指果实采收后，经后熟，能显现出其固有品质，种子饱满呈深褐色的采收时期，一般为 9 月中旬以后。

落叶期：指全树有 5%～75% 的叶脱落的时期，一般为 12 月中下旬。

休眠期：指全树有 75% 的叶脱落到翌年伤流期开始之间的时期，一般为 12 月下旬至次年 2 月上旬。

4. 环境条件对生长发育的影响

红肉猕猴桃与环境是相互联系、相互制约的统一体。红肉猕猴桃作为一个生物个体，只有外界环境条件满足其需要时，它才能正常生长发育。如果环境中某一种或几种条件发生变化时，它就要逐渐适应新的环境。如果环境条件的变化超过它的适应能力，其生长发育就会受到伤害。据各地的资源调查和引种栽培的实践证明，影响红肉猕猴桃生长发育的主要生态因子有以下八个方面。

（1）温度

温度影响红肉猕猴桃生长发育的进程、地理分布和引种栽培，是影响红肉猕猴桃生长发育的重要因子之一。综合分析各地红肉猕猴桃产地气温因子得知，在年平均气温 13 ℃以上地区可以正常生长。在年平均气温 15～18 ℃，极端最高气温 38.5～42 ℃，极端最低气温 –5 ℃，≥10 ℃积温 4 500～5 500 ℃，无霜期 220～290 d 的山区地带生长良好。

红肉猕猴桃芽萌发要求的平均气温相对较稳定，据国内外不同地区的测定，认为红肉猕猴桃与其他中华猕猴桃类一样生物学零度是 8 ℃。如果日平均气温高于 8 ℃，猕猴桃开始萌动生长。如日平均气温低于 8 ℃，猕猴桃的生长就会受到影响。

红肉猕猴桃的耐寒性较弱，一般在 –5 ℃以下就极易遭受冻害而诱发溃疡病。如果温度过低或冬季干旱，又无防寒、防风条件时，枝梢还会出现冻枯现象。

红肉猕猴桃在萌芽后生长初期，最易遭受晚霜冻（"倒春寒"或"寒流"）的危害，早春的嫩梢遇到 ≤1 ℃的低温度时，就会受到冻害。如果晚霜花芽受冻就会影响开花结果和当年的产量。

夏季久晴干旱和高湿的天气，会给红肉猕猴桃的生长和发育带来不好的影响，植株会出现落叶、落果或枯梢的现象。红肉猕猴桃受高温危害的主要症状是：叶缘及叶尖失水变褐，重者坏死焦枯，果面产生日灼伤，向阳面尤为严重。据中国科学院武汉植物园王彦昌博士观察，夏季气温在 35 ℃时，果实日灼部位的温度可达 45 ℃。夏秋的高温和昼夜温差小，会降低果实的品质和风味。

（2）土壤

土壤是红肉猕猴桃生长的基础。红肉猕猴桃生长所需的养分、水分主要取之于土壤，土壤的各种物理、化学性能，直接影响猕猴桃的生长发育。

红肉猕猴桃一般在酸性、微酸性或中性土壤上都能健康生长，且结果良好。一般在 pH 值 5.5～6.5 范围内生长较好，在 pH 值 7.5 以上的偏碱性土壤上，则出现缺铁黄化的现象。在栽培中，碱性土可用硫酸亚铁（俗称黑矾）改良，酸性过重土可以用石灰、草木灰等调节。

土壤中的矿质营养对红肉猕猴桃生长有直接的影响。据湖北果茶所和四川省自然资源研究所调查，适宜猕猴桃生长的土壤有机质含量为 3% ~ 17%。红肉猕猴桃生长发育良好的土壤养分平均含量为：有机质 3.1%，P_2O_5 0.12%，K_2O 3.39%，CaO 0.86%，MgO 0.75%，Fe_2O_3 4.19%，这种土壤中矿质营养丰富，立地条件优越。

红肉猕猴桃的根是肉质根，喜欢土层深厚、肥沃疏松、保水与排水良好、腐殖质含量高的沙质壤土。这种土壤具有良好的团粒结构，有利于蓄水保水、保肥供肥，因而有利于根系的生长发育。红肉猕猴桃在黏重土壤上生长不良，因为黏土团粒结构差，通气透水性差，根系发育不良。在红肉猕猴桃建园时，要注意土壤的选择，如果在黏性重、易渍水及干燥瘠薄的土壤上种植，必须认真地进行土壤改良，降低黏性，增加腐殖质和团粒结构，并搞好排灌水。

在栽培中还要注意通过增施有机肥来增加土壤的团粒结构、腐殖质含量、养分含量，调整酸碱度，以创造适宜红肉猕猴桃生长的土壤环境。

（3）水分

水分是猕猴桃最基本的成分之一。红肉猕猴桃的各种生命活动都必须有水分的参加。水分不足或过多，都会对猕猴桃的生长发育产生影响。

红肉猕猴桃根系浅，骨干根少，侧根、须根发达，具肉质性。它的肉质根具有皮层厚和嫩而脆的特性，对土壤缺氧反应敏感，如土壤积水，根皮易变黑褐色而腐烂，使养分吸收停止，会导致全株死亡。因此，它是耐涝性最弱的树种之一，这一点与桃树相似，红肉猕猴桃积水 1 d，有 40% 的植株死亡，积水 8 d 则全部死亡。对红肉猕猴桃而言，土壤积水比干旱的威胁更大。另外，在红肉猕猴桃的花期遇低温多雨天气，对授粉、受精和坐果不利，易发生病害而影响当年产量。

红肉猕猴桃的地上部枝叶生长旺盛，叶片大，角质层较薄，且其根、主干木质部的导管都较粗大，水分蒸发量大。这些特性决定了红肉猕猴桃是一种生理耐旱性弱的树种。它对土壤水分和空气湿度要求比较严格，在年降水 1 100 mm 左右、空气相对湿度 70% ~ 80% 的环境下，生长发育良好。

红肉猕猴桃幼苗期要求阴湿的环境，需要适当遮阴和经常保持土壤的湿润，以避免幼苗的枯死，在山脊、山顶干燥瘠薄的阳坡红肉猕猴桃多生长不良。在干旱、缺水并且高温时，红肉猕猴桃表现叶小、黄化、新梢生长缓慢或停长早，叶片凋萎或叶缘焦枯，大量落叶、落果，严重时可能引起全株枯死。在生长季节，高温、干旱是危害生长发育的两个主要因素。在预防高温、干旱的农业措施中多以灌溉和园地覆盖为主，通过及时合理的灌溉和土壤覆盖可以间接降低气温，减轻高温的危害，保持土壤水分。

（4）光照

红肉猕猴桃对光照的要求随树龄不同而不同。幼苗期喜阴凉，忌强光直射，小苗极易受光害致死，故需遮阴。成年植株则比较喜光，在良好的光照条件下，树势健壮，开花结果良好。如果荫蔽，枝条生长不充实，下部枝易枯死，光照不足，结果少，果实小，品质差。成年的红肉猕猴桃也忌强光暴晒，强光直射伴随高温干旱，对其生长尤其不利，常导致叶缘枯焦，果实严重灼伤，影响产量和品质。日灼果灼伤部凹陷皱缩，易脱落。采收后的日灼果易腐烂变质，影响食用价值。

在自然状态下，红肉猕猴桃为了争取阳光，枝蔓攀缘群落中其他树木而达树冠顶端。据中国科学院武汉植物园调查，红肉猕猴桃喜欢的日照率（株间光照度／自然光照度）以 40% ～ 45% 为宜，猕猴桃在自然分布区的年日照时数在 1 300 ～ 2 600 h，一般就能满足其生长发育对光照的要求。由于猕猴桃的喜光性，在整形修剪和夏季管理中，应特别注意枝蔓受光面的均衡和及时更新复壮。

（5）风

风是影响红肉猕猴桃生长的因素之一。温和的风能调节大气的温湿度，有利于红肉猕猴桃的生长发育，而强风则易造成枝断、架垮，强热风更不利于其生长发育。春季新梢组织幼嫩，叶片大而薄，风易使嫩梢折断，新叶撕破。在 5 月麦收前后常有干热风出现，此时恰是果实膨大和新梢迅速生长期，即通常所说的需水临界期，此时强的热气流使树体蒸发量大增，此时如果没有喷灌、覆盖设施，会造成土壤供水不足，使叶片边缘焦枯变褐色，严重时全叶枯焦脱落。夏季、秋季大风易撕破叶片，磨伤未套袋的果实，影响产量和品质。冬季遇寒风低温，可使枝蔓抽干、枯芽，诱发溃疡病，影响来年产量。在花期遇大风，花柱头易干枯，花器易破碎，花期缩短，影响授粉、受精，甚至坐不住果。花期遇到和风晴朗天气，有利于传粉、受精，提高坐果率。

（6）坡向

坡向对红肉猕猴桃有一定的影响。据调查，南坡日照强，日照时数也长，温度较高，物候期开始时，蒸发量大，易遭干旱、霜冻和日灼之害，土壤多瘠薄，则不太适合种植红肉猕猴桃；北坡气温较低，日照较弱且时间也短，湿度较大，蒸发量低，物候期较短，土壤较肥，也不是红肉猕猴桃种植最佳坡向；东、西坡向介于南、北坡向之间，一般以半阴坡较多，其利于红肉猕猴桃生长与结果，最宜种植红肉猕猴桃。

（7）海拔

一般纬度向北推进一度，气温下降 0.7 ℃；海拔每升高 100 m，气温下降 0.5 ℃。因此在偏北地区，如海拔过高，则积温不足，生长期短，红肉猕猴桃的生长发育受到影响，果实不能正常成熟，品质差且易受冻害，无经济栽培价值。

据调查，目前我国在海拔 200 ～ 1 600 m 处都有引种栽培红肉猕猴桃的成功案例，但以海拔 600 ～ 800 m 种植的红肉猕猴桃树势最健、产量最高、品质最好。

（8）植被

植被与红肉猕猴桃的生长发育有密切的关系。植被与红肉猕猴桃是适地、适生的共同体，所以植被既是红肉猕猴桃的指示植物，又影响气象因素和调节气候，还是红肉猕猴桃攀缘生长的自然支架。

在现已成年的红肉猕猴桃的种植区内，能与其伴生的植物种类繁多，一般灌木种类最多，草本次之，乔木最少。乔木主要有：马尾松、黄山松、枫树、椿树、杉树、板栗、合欢、油桐、楝树等；主要灌木（和小乔木）有：苦李、毛桃、映山红、棠梨、木瓜、野樱桃、五倍子、胡枝子、黄荆、马桑、葛藤、女真、荆条等；主要的草木植被有：蕨类、茅草、野苎麻、草莓、野百合、金鸡菊、羊胡子草、鱼腥草、苔藓等。了解红肉猕猴桃的伴生植被及其生态环境，可为栽培提供参考。

训练任务

➡ 工具与材料准备

1. 工具准备

准备好观察记载表和笔、游标卡尺、皮尺。

2. 材料准备

准备好红肉猕猴桃的枝、叶、果及树苗。

➡ 任务安排

1. 以学习小组进行观察、记载。因红肉猕猴桃生长周期长，在某一时段不能完成所有观察，小组可以在不同时间进行观察，待完成观察任务后上交记载表。

2. 地点为猕猴桃果园。

➡ 任务要求

1. **观察准备**　一是准备好记录表册；二是认真研究记录项目，提前熟悉相关知识。

2. **观察活动**　观察红肉猕猴桃一个品种的生物学特性和环境条件。选择红肉猕猴桃植株，观察其生物学特性和环境条件，并进行记录。

红肉猕猴桃生物学特性观察记录表

观察品种：

观察项目	主要观察内容	观察结果	观察时间	备注
根	生长高峰期1：伤流期			
	生长高峰期2：新梢迅速生长期			
	生长高峰期3：果实迅速膨大期			
枝蔓	主蔓长度、个数			
	侧蔓长度、个数			
	结果蔓长度、个数			
	第一次生长高峰期			
	第二次生长高峰期			
叶片	展叶期			
	成熟期			
	落叶期			
花	现蕾期			
	始花期			
	盛花期			
	终花期			
	同枝花开的顺序			
	同树花开的顺序			

观察项目	主要观察内容	观察结果	观察时间	备注
果实	坐果期			
	迅速生长期			
	慢速生长期			
	微弱生长期			
	成熟期与后熟期可溶性固形物			
结果习性	结果枝蔓所处位置			
	果实在结果枝上的位置			
	结果枝长短			

红肉猕猴桃环境条件调查记录表

观察品种：

调查项目	主要调查内容	调查结果	备注
温度（℃）	年均温		
	最高温		
	最低温		
	1月平均温		
	6月平均温		
光照	平均日照率		
	日灼情况		
	夏季遮阴情况		

调查项目	主要调查内容	调查结果	备注
水分	年降水量 /mm		
	排水情况		
	灌溉设施		
	夏季干旱情况		
土壤	pH 值		
	土壤类型		
	有机质情况		
	微团粒状况		
	有机肥施用情况		
	化肥施用情况		
风	风害情况		
	防风林情况		
海拔与坡向	平均海拔 /m		
	坡向		
	坡度 /°		
植被	植被		
	间作套种情况		

3. 问题处理　请用不少于500字篇幅写出猕猴桃生物学特性及其对环境条件的要求，在老师指导下与同学们进行交流。

思考与练习

1. 观察的红肉猕猴桃品种萌芽期是什么时候？
2. 观察的红肉猕猴桃品种始花期和终花期分别是什么时候？
3. 观察的红肉猕猴桃品种新梢快速生长和果实膨大期是什么时候？
4. 红肉猕猴桃果实要达到固有品质，一般生育期是多长时间？

考核评价

红肉猕猴桃生物学习性观察与对环境条件要求调查实习

实习地点：_____

班级：_____　　组别：_____　　姓名：_____　　成员：_____

考核项目	内容		分值	得分
技能操作（55分）	根习性观察	对根生长习性观察不到位，对根生长高峰期时间、特点不了解扣2～5分	5	
	枝蔓习性观察	对枝蔓生长习性不能正确观察，对枝蔓特点不了解扣2～5分	5	
	叶、花习性观察	对叶、花生长发育习性不能正确观察，对叶花生长发育特点不了解，酌情扣2～5分	5	
	果实习性观察	对果实生长发育习性不能正确观察，对果实生长发育特点不了解，酌情扣2～5分	5	
	果实结果习性观察	对果实结果习性不能正确观察，对结果枝类型、结果部分判断不清，酌情扣2～5分	10	

续表

考核项目		内容	分值	得分
	对光、温、水等自然条件观察	对红肉猕猴桃生长的光照、温度、降水、风等气候条件不能正确观察与调查,对红肉猕猴桃对光照、温度、降水、风等气候要求不了解不清楚,每项酌情扣 1~2 分	10	
	对土壤条件观察	对土壤类型、温度、水分、养分情况不能正确了解,对红肉猕猴桃对土壤要求了解不清楚,每项扣 1~2 分	10	
	果树习性与环境条件观察能力	观察内容缺失 1 项扣 2 分,不完整酌情扣 1~2 分	5	
素质(35分)	安全意识	搭乘不安全车辆扣 2 分,公私财物保护不当扣 2 分,工具使用不规范扣 1~2 分	5	
	纪律出勤	无故缺席扣 5 分,迟到早退每次扣 1 分,其他违纪情况酌情扣 1~5 分	5	
	"三农"意识	损坏果树、庄稼扣 2~5 分,文明用语不当扣 2 分	5	
	劳动意识	调查现场清理不到位扣 2 分,劳动任务完成不好扣 3 分	5	
	团结协作	无合作探究氛围,不互助互学,不合作解决问题,各扣 1 分	5	
	环保意识	乱丢乱扔垃圾扣 2 分,调查中损坏果树枝叶酌情扣 1~5 分	10	
反思(10分)	作业总结	作业不认真、不规范,格式不符合要求,书面不整洁,不按时完成,各扣 2 分;不及时完成问题处理与反思总结扣 5 分	10	
合计		100		
评价人员签字	1. 任课教师: 2. 实习指导教师: 3. 专业带头人: 4. 园区(企业或行业)技术员:			

33

掌握红肉猕猴桃的苗木培育技术

情境目标

// 知识目标 //

1. 掌握猕猴桃嫁接苗木培育知识，了解红肉猕猴桃常规育苗技术；

2. 掌握猕猴桃无病毒苗木培育技术；

3. 掌握红肉猕猴桃切接技术；

4. 了解红肉猕猴桃苗木出圃分级标准和苗木生产销售要求和规则。

// 能力目标 //

1. 能熟练进行红肉猕猴桃切接；

2. 能进行红肉猕猴桃组织培养；

3. 能进行红肉猕猴桃苗木分级。

// 思政目标 //

1. 帮助学生树立热爱农业、热爱家乡的情怀和服务"三农"的责任感，树立振兴我国猕猴桃产业的志向；

2. 帮助学生养成减少化肥、农药施用的生产习惯，树立"绿水青山就是金山银山"的环保理念；

3. 培养学生吃苦耐劳、精益求精的工匠精神；

4. 培养学生团结协作、互帮互助的协作意识。

 **任务一 掌握红肉猕猴桃嫁接苗培育技术**

⊃ **知识目标**

1. 了解红肉猕猴桃苗圃地条件；

2. 了解红肉猕猴桃砧木苗培育过程；

3. 掌握红肉猕猴桃嫁接方法及步骤；

4. 了解红肉猕猴桃苗圃管理内容与方法。

⊃ **能力目标**

1. 能认识红肉猕猴桃嫁接苗木与实生苗木；

2. 能熟练进行红肉猕猴桃苗木嫁接。

⊃ **思政目标**

1. 培养学生热爱家乡的情怀，树立振兴猕猴桃产业的志向；

2. 培养学生热爱"三农"的情怀，树立服务"三农"的责任感；

3. 培养学生安全生产、吃苦耐劳、精益求精的工匠精神；

4. 培养学生减少化肥、农药施用量的生产习惯，树立"绿水青山就是金山银山"的环保理念；

5. 培养学生团结协作、互帮互助的协作意识。

任 务 准 备

⊃ **知识要点**

1. 苗圃地选择

苗圃地（图 2-1-1）应选择交通便利、气候温和、靠近水源、土质肥沃，且无检疫性病虫害的沙壤地。苗圃要靠近主干道公路，有宽度 3.5 m 以上的公路通达苗圃，便于苗木运输；苗圃应靠近水源，苗圃地周边有排水沟渠，排灌设施要齐全；土壤 pH 值 5.5 ~ 7.0，土壤有机质 2% 以上，全氮、有效磷、有效钾含量达到 60 ~ 110 mg/kg、

图 2-1-1 苗圃地

50 ~ 80 mg/kg、60 ~ 80 mg/kg 以上；地下水位 1.5 m 以下。同时还要求苗圃地气候温和，阳光充足，空气、水源、土壤等环境无污染，土地平整，劳动力资源丰富等。

2. 砧木苗培育

红肉猕猴桃砧木多采用种子繁殖。

（1）种子采集

红肉猕猴桃的砧木一般选用美味猕猴桃类。将充分成熟的野生美味猕猴桃果实采回后，放在阴凉处软熟后剥除果皮，装在干净纱布袋中搓洗，洗去果肉，去除杂质，只留种子（图 2-1-2）。将种子在阴凉处摊放晾干，用塑料袋封装后在 4～5℃低温下贮藏备用。

图 2-1-2　种子淘洗

（2）沙藏

播种前 1.5 月左右（原产地苍溪一般在 12 月下旬），将干藏好的种子取出用 50～70℃热水浸 1～2 h，再在凉水里浸 1～3 d，捞出后用 10～15 倍的湿润河沙拌匀进行层积处理。每隔一周翻动一次，并保持河沙湿度为手捏成团松手即散。沙藏时要注意防止鼠害、虫害、霉变，以免影响种子发芽（图 2-1-3）。

图 2-1-3　沙藏种子

（3）播种

2月上旬立春前后，气温稳定在 12 ℃及以上时播种。选择光照充足、土壤肥沃疏松、排灌方便、呈微酸性或中性的沙壤土做苗床，整畦前施足基肥，并用杀菌剂与杀虫剂对土壤进行杀虫消毒。深翻耙细整平做厢，为防止出现水渍伤苗，需做高厢。将沙藏好的种子带沙均匀撒在苗圃上，盖一层厚 2 ~ 3 mm 的细土，然后盖上塑料薄膜。

（4）浇水

苗床需长期保持湿润，晴天早晚各喷水 1 次，为防止土壤板结和冲出种子，喷水应做到勤、细、匀。播后 20 d 左右，即有部分种子拱土出苗，这时需要将塑料薄膜拱起来做成小拱棚，晴天中午揭开两头通风。当有 80% 的种子出苗时，逐渐揭去塑料薄膜。

（5）移栽苗圃地的准备

移栽苗圃地的要求与播种苗床一致。整地做厢，厢面高于沟 50 cm，宽 60 ~ 80 cm。苗床四周沟和主排水沟深 50 cm 以上，以防夏季渍涝，根系受害。

（6）间苗

幼苗出土后，一般会出现幼苗过密，为保证苗齐苗壮，在幼苗 2 ~ 3 片真叶时，适当间苗，去弱留壮、除病留强、除歪留正（图 2-1-4）。

（7）移栽及栽后管理

幼苗长到 4 ~ 5 片真叶时，即可选择阴天或小雨天带土移栽，株行距 10 cm × 20 cm。猕猴桃幼苗细弱，移栽后需要防晒、防旱、防雨水冲刷，在晴天、白天、大雨天用遮阳网遮盖，夜晚、阴天、小雨天揭开遮阳网。当幼苗长出 5 ~ 6 片真叶时即可逐步撤去遮阳网。移栽一个月后，每隔 15 d 左右喷施 0.1% ~ 0.3% 尿素加 0.1% ~ 0.3% KH_2PO_4 水溶液，促进幼苗生长。苗高 15 ~ 25 cm 或 10 ~ 15 片真叶时摘心，并及时抹去腋芽，促使幼苗增粗，以便嫁接。

（8）病虫防治

红肉猕猴桃在幼苗期易遭受立枯病、蝼蛄和地老虎的侵害。

立枯病：受害幼苗的基部初呈水渍状，以后逐渐加深，后变黑，并缢缩腐烂，上部叶片萎蔫，逐渐全株枯死。可结合喷水喷施 2 ~ 3 次 50% 多菌灵 1 000 倍液或 50% 甲基托布津 1 000 倍液防治。

蝼蛄：蝼蛄幼虫昼伏夜出，啃食嫩叶，咬断茎干，使幼苗枯死，可用 10 : 1 炒熟麸皮拌敌百虫粉剂撒于植株周围或灯光诱杀。

图 2-1-4　良好苗木根系

地老虎：地老虎 3 龄后幼虫昼伏夜出咬断幼苗茎干，造成苗木缺损。可在清晨人工捕杀，也可结合喷水喷施 1% 敌百虫液直接杀虫，或用菜叶拌 1% 敌百虫液撒于苗圃内诱杀（图 2-1-5）。

图 2-1-5　病虫防治

3. 嫁接苗培育

红肉猕猴桃嫁接苗的培育，重点要注意砧木与嫁接品种接穗的亲和性是否良好。一般经验认为，美味猕猴桃作为实生砧木比较好，亲和力好、抗性强、生长势旺。水杨桃砧木多采用扦插繁殖，砧木选定标准是生长健壮无病虫害、须根发达、出土面（青黄交接处）直径达到 0.7 cm 以上。接穗一定要选红肉猕猴桃优良单株的枝条，且枝条生长健壮、无病虫害。

（1）嫁接时期

砧木苗秋季落叶后至次年立春前 10 d。

（2）嫁接方法

可采取切接法和舌接法。嫁接技术要领可归纳为"平、净、准、严、紧、快"六个字，即砧木、接穗削面要平滑、干净，砧、穗形成层要对准，接口要包严绑紧，整个操作要熟练快速。

①切接　将砧木在离地面 5 ～ 20 cm 光滑处横向剪断，选一平滑面，垂直于砧木断面纵切一刀，长度 2 ～ 2.5 cm，切口位置在砧木韧皮部与木质部交界处的形成层处。将接穗剪留 1 个芽，上端剪口距芽 0.5 cm，下端剪口距芽 4 ～ 5 cm，然后将接穗下端削成长 2.5 cm 的楔形长削面（其长削面略长于砧木的削面，以利砧、穗贴紧），另一面为短斜面，削成与接穗成 30° 角即可。将削好的接穗插入砧木切口，将接穗形成层与砧木形成层对准，用农膜切成的宽度为 2 ～ 3 cm 塑料条分别将所有伤面包严绑紧，包括接穗的上端剪口，也用塑料条绑扎严实，防止水分散失（图 2-1-6）。

这种接穗方法的优点为操作简便、速度快、愈合好、成活率高、萌芽快、接口牢固、遇风不易从嫁接口折断。本方法除培育嫁接苗木外，也广泛用于大树高接换种。

图 2-1-6　切接

②舌接　将砧木和接穗分别按上述切接法要求剪断，在砧木的剪口和接穗的剪口光滑处分别削出倾斜 15°～ 20°、长 2 ～ 3 cm 的斜面，在距斜面尖端约 1/3 处，接穗、砧干平行，纵切深度约 1 cm 切口，将砧木和接穗的这两个切口对接严密，一边或两边形成层对准；用宽度为 2 ～ 3 cm 的农膜塑料条分别将所有伤面包严绑紧，包括接穗上端剪口，也用塑料条绑扎严实，防止水分散失（图 2-1-7）。

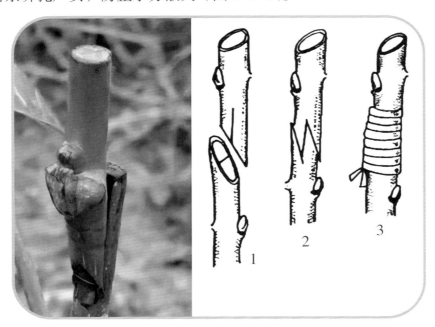

图 2-1-7　舌接

（3）嫁接苗管理

红阳猕猴桃嫁接苗管理工作主要有检查成活、补接、除萌蘖、摘心、立支柱、绑茎

干、锄草、灌水、施肥，病虫防治等。

①检查成活　嫁接后 20 ～ 30 d 检查。如接芽或接枝皮色正常新鲜，则伤口愈合，即已成活。对没有成活的要做标记，以便于补接。

②补接　对所有未成活的适时补接，可以选用嫁接时预先留的接芽补接，没有预留接芽的，要选留一个砧上萌芽让其生长，其余萌芽去除，待第一次新梢停长后取红肉猕猴桃绿枝进行补接，方法同前。

③除萌蘖　除去砧木上发出的所有萌蘖，确保嫁接苗正常生长。

④立支柱或拉绳绑扶　接芽萌发后，要及时插木棍或用细麻绳等材料牵引枝蔓，注意牵引时不能伤及枝蔓，多用"8"字形牵引、绑缚。

⑤摘心　嫁接苗高 40 cm 左右时摘心，促进增粗生长。

⑥肥水及苗地管理　保持苗圃地面清洁无杂草；每隔 15 ～ 20 d 用无害化处理后的清粪水或 0.1% ～ 0.3%尿素加 0.1% ～ 0.3%磷酸二氢钾液进行提苗促壮。

⑦病虫防治　参照实生苗。

⑧遮阴防晒　嫁接苗萌发后，要及时用遮阳网遮阴，防止太阳将苗木晒伤、晒死。

训练任务

➡ 工具与材料准备

1. 准备好嫁接用砧木苗，接穗；
2. 准备好嫁接用的嫁接刀，绑扎膜（宽度 3 cm）；
3. 准备好实生育苗用苗圃地；
4. 准备好实生育苗用种子 1 kg。

➡ 切接技术要点

1. **砧木处理**　将砧木在离地面 5 ～ 20 cm 光滑处横向剪断，选一平滑面，垂直于砧木断面纵切一刀，长度 2 ～ 2.5 cm，切口位置在砧木韧皮部与木质部交界处的形成层处。

2. **接穗处理**　将接穗剪留 1 个芽，上端剪口距芽 0.5 cm，下端剪口距芽 4 ～ 5 cm，然后将接穗下端削成长 2.5 cm 的楔形长削面（其长削面略长于砧木的削面，以利砧、穗贴紧），另一面为短斜面削成与接穗成角 30°角即可。

3. **砧穗形成层对齐**　将削好的接穗插入砧木切口，将接穗形成层与砧木形成层对准，注意接穗长削口略露白。

4.**绑扎** 用农膜切成的宽度为 2 ～ 3 cm 的塑料条分别将所有伤面包严绑紧，包括接穗的上端。接穗上端剪口也用塑料条绑扎严实，防止水分散失。

➡ 任务安排

学生分成 10 人一大组，2 人一小组，进行嫁接训练。训练过程中，小组内 2 人相互监督指正，进行练习，大组内相互研讨。

➡ 任务要求

重点训练红肉猕猴桃切接技术

1.**训练活动** 每小组嫁接 20 株后，小组开展研讨，并将嫁接方法要点的心得体会在大组内交流。大组内交流研讨后，大组长将训练心得体会进行总结，在全班进行交流、研讨。

2.**问题处理** 各小组根据实习训练心得，研讨如何提高嫁接速度和成活率，并用不少于 100 字进行总结。

思考与练习

1. 实生苗木培育中种子是如何处理的?
2. 嫁接用接穗要如何选择?
3. 红肉猕猴桃秋冬季主要的嫁接方法是哪种?
4. 简述种子层积处理的作用。

考核评价

红肉猕猴桃苗木繁殖实习

实习地点：

班级：_____   组别：_____   姓名：_____   成员：_____

考核项目		内容	分值	得分
技能操作（55分）	实生播种繁殖	不能熟练操作种子采集、层积、苗床处理、浇水、间苗、移栽等方法和步骤，每项扣2分	15	
	切接	不能熟练操作砧木处理、接穗处理、砧穗形成层对齐、绑扎等方法和步骤，每项扣2分，20 min内嫁接少于4株，扣10分	25	
	嫁接苗管理	不能熟练操作嫁接后检查成活补接、除萌蘖、立支柱或绑扎、摘心、肥水管理、遮阳防晒等方法和步骤，每项扣2分	15	
素质（35分）	操作现场整理	操作场地清理不到位，每项扣2分	5	
	安全意识	公私财物保护不当扣2分，工具使用不规范扣1～2分	5	
	纪律出勤	无故缺席扣5分迟到早退每次扣1分，其他违纪情况酌情扣1～5分	5	
	"三农"意识	损坏果树、庄稼扣2～5分，文明用语不当扣2分	5	
	劳动意识	调查现场清理不到位扣2分，劳动任务完成不好扣3分	5	
	团结协作	无合作探究氛围，不互助互学，不合作解决问题，各扣1分	5	
	环保意识	乱丢乱扔垃圾扣2分，操作中不节约材料或损坏果树枝叶酌情扣1～5分	5	
反思（10分）	作业总结	作业不认真、不规范，格式不符合要求，书面不整洁，不按时完成各扣2分；不及时完成问题处理与反思总结扣5分	10	
合计			100	

续表

考核项目	内容	分值	得分
评价人员签字	1. 任课教师： 2. 实习指导教师： 3. 专业带头人： 4. 园区（企业或行业）技术员：		

 任务二　掌握红肉猕猴桃的组培苗培育技术

知识目标

1. 了解红肉猕猴桃组织培养苗木繁育基本知识；
2. 了解红肉猕猴桃组织培养苗木母本园建设知识；
3. 了解红肉猕猴桃无病毒良种接穗生产知识。

能力目标

1. 能熟练配制红肉猕猴桃无病毒苗木培育所需要的基质；
2. 能熟练开展红肉猕猴桃无病毒苗木繁育。

思政目标

1. 培养学生热爱家乡的情怀，树立振兴猕猴桃产业的志向；
2. 培养学生热爱"三农"的情怀，树立学生服务"三农"的责任感；
3. 培养学生安全生产、吃苦耐劳、精益求精的工匠精神；
4. 培养学生减少化肥、农药施用量的生产习惯，树立"绿水青山就是金山银山"的环保理念；
5. 培养学生团结协作、互帮互助的协作意识。

知识要点

1. 良种母本园的建设

建设红肉猕猴桃良种母本园，将检验检疫合格的红肉猕猴桃良种单株种植保存在新建立的良种母本园内，作为无毒快速繁殖体系建立提供外植体（图 2-2-1）。按照每 667 m² 种植 110 株，株行距 2 m × 3 m，T 形架整形修剪。雌雄株配比 8 : 1。

图 2-2-1　良种母本园

2. 实生苗砧木的培育

（1）种子的采集和贮存

10 月中旬以后，当野生美味猕猴桃果实成熟时采收，在常温下后熟使其变软，将种子从果肉中分离，洗净阴干，装入纱布袋中，置于干燥处保存备用。

（2）种子层积处理

在实验室中，用 5% 的次氯酸钠浸泡种子 5 min，并冲洗干净；放置两层滤纸在 9 cm 的培养皿中，种子置于滤纸上；配制 1 000 mg/kg 浓度的克菌丹溶液（1 g 菌丹配 1 L 水），添加该溶液到盛有种子的培养皿中，以保持种子湿润；将密封的培养皿放在冰箱中，1 ~ 4 ℃冷藏 3.5 ~ 4 周。冷藏后种子要求用 5 ℃ 16 h 和 24 ℃ 8 h 的变温处理 10 ~ 14 d。

（3）播种

在智能温室中，将混匀的种子和营养混合物均匀地呈层状撒播在种子盘的表面（每盘约 1 500 粒或 2 g 干种子），种子盘大小为 35 cm × 30 cm，并用筛子筛一层薄的营养混合物覆盖在种子上。再将种子盘放置在一个盛有配比为 1 : 2 500 的氯唑灵溶液的盆里，直到混合物完全浸透，而后将其置于温度为 20 ~ 25 ℃ 的热床上。5 d 后种子盘需要被重新湿润一次，种子大约 10 d 萌发。浇水使用配比为 1 : 2 500 的氯唑灵溶液，在冬天每周仅需要浇水 1 次或 2 次，在夏天根据情况要适当增加浇水次数。在种子萌发期要注意保持最适合种子萌发的温度 23 ℃（图 2-2-2）。

（4）幼苗培育

在智能温室中，幼苗萌发需要 4 周左右。当幼嫩的种苗长出第一片真叶时，从种子盘里取出萌发的种苗，移栽到繁殖盘，并喷施氯唑灵溶液。种苗在经过大约 4 周生长之后就可以进行露地移栽。

图 2-2-2　实生砧木培育

（5）移栽

在砧木园中，将营养土填满营养钵（5 cm×5 cm），在营养土中挖一小孔确保能放下种苗，从繁殖盘底部取出种苗，把种苗放置在预留的小孔中，并压紧压实种苗周围的营养土。生长 3 周后，及时立支撑物（常用竹竿），以保证幼苗向上生长。

3. 无病毒良种接穗的生产

（1）外植体的选择

对良种母本园中种植的红肉猕猴桃进行园艺学观察，选择园艺学性状符合推广要求的品种作为快繁体系外植体来源；选择良种母本园中健康无病虫害植株当年生枝条茎段作为外植体进行快速繁育。

（2）外植体消毒技术

取健壮的一年生带芽枝条，在 4℃ 低温下保存 24 h，用自来水加洗衣粉清洗两次，再在流水下冲洗 2 h，用 75% 酒精浸泡 10～15 s，再用 0.1% HgCl$_2$ 浸泡 6～8 min，加入 1～2 滴吐温 80，用无菌水清洗 5 次。

（3）茎段增殖培养

带皮茎段离体培养，诱导培养基 MS + BA 4.0 mg/L + IAA 4.0 mg/L，分化培养基 MS + BA 2.0 mg/L + NAA 0.3 mg/L。增殖培养基 MS + BA 2.0 mg/L + NAA 0.4 mg/L + GA 30.1 mg/L，以获得增殖大量的侧芽。

（4）生根培养

切取培养所得侧芽中健壮芽转到生根培养基中培养，生根培养基为 1/2 MS ＋ NAA 0.2 mg/L，要求 pH 值 5.8。培养室培养条件为温度 25 ～ 28℃，光周期（光照／黑暗）16 h/8 h，光照度 2 000 ～ 3 000 lx，培养瓶、试管用封口膜密封。

（5）炼苗、移栽

待生根后，健壮的生根苗移栽前，在培养室内打开封口膜，使生根苗在瓶内适应一周，即炼苗 1 周（图 2-2-3）。炼苗后取出生根苗，用清水洗净培养基，移到移栽基质中（移栽基质为蛭石 25% ＋ 珍珠岩 25% ＋ 河沙 20% ＋ 大田土 30%），并置于智能温室大棚中，遮阳，保持土壤湿润，温度 25℃左右，空气湿度 95% 以上。移苗后管理按常规管理进行，重点注意温室中光、温、水的管理（图 2-2-4）。

图 2-2-3　生根培养

图 2-2-4　无病毒苗木炼苗、移栽

（6）建立防虫网室无毒母本采穗圃

将组织培养生产的无毒组培苗移栽至网室无毒母本采穗圃，让其在网室中生长 1 年，待植株枝条生长健壮，达到生产接穗的要求后，开始提供无毒良种接穗。

为了保证采穗质量，防范病毒及危险性病害的感染，无病毒采穗圃需每 2 年更换 1 次。

4. 嫁接苗的繁殖

猕猴桃的嫁接方法有枝切接、芽接、单芽枝腹接，其中尤以单芽枝腹接成活率最高，可达 90% 以上，是生产上广泛采用的一种嫁接方法。

（1）接穗的采集与保存

在网室无毒母本采穗圃中采接穗。嫁接用的接穗，一般随采随用；如果暂时不用可以按照品种、雌雄枝条分别打成小捆，挂上标签，置于冰箱冷藏柜中备用。

（2）嫁接时期

春季嫁接应在猕猴桃发芽前进行，即 2 月中下旬。夏、秋季嫁接在 5—9 月均可，伤流期嫁接成活率也高。

（3）砧木的选择

选择根系发达、无病虫害、生长健壮、茎径达 0.5 cm 以上的美味猕猴桃实生苗。

（4）嫁接方法

选择具有一个芽的接穗，上部剪口距芽 1.5 cm，下部剪口距芽 2 cm 左右。刀口向芽的对面 45° 斜削，在芽的对应面削一个平面，微见木质部，在砧木上也削一个与接穗几乎相等的一个平面，微见木质部。两者削好后将接穗插入砧木的切口中，砧、穗形成层对齐，然后用塑料薄膜绑紧、绑实，芽眼露出。

（5）嫁接苗的管理

在露地苗圃中，嫁接后注意及时抹除砧木上的萌蘖，当新梢木质化后解去绑带。如果是秋季嫁接，待次年开春，芽成活后，剪去接芽上部的砧木。春季嫁接，接好后即可剪去接芽上部的砧木。红肉猕猴桃嫁接成活的接芽，经剪砧后很快萌发，抽出肥嫩的新梢，其生长迅速，若不用支柱扶持，极易被风吹折断，因此要用竹竿、树枝等插在芽对面，接芽萌发后用草绳呈 "8" 字形把新梢绑在支柱上。此外，接芽萌发的新梢春、夏、秋季均可迅速生长，为此嫁接苗要及时摘心，以有利于嫁接苗生长粗壮，分枝充实，腋芽饱满，达到早上架、早结果的目的。嫁接后肥水充足，及时松绑、摘心，当年就可分 2 ~ 3 次梢，最高可生长 5 ~ 6 m，枝条生长充实，嫁接后第二年 50% 以上的嫁接苗都能开花、结果。

训练任务

⊃ 工具与材料准备

1. 工具准备

修枝剪、培养室、苗床、广口瓶。

2. 材料准备

（1）在良种母本园中选择健康无病虫害植株的当年生茎段作为快繁体系外植体；

（2）酒精液；

（3）培养基：诱导培养基、分化培养基、增殖培养基、生根培养基；

（4）无菌水；

（5）移栽基质。

⊃ 技能要点

1. 选择外植体

选择良种母本园中健康无病虫害植株当年生枝条茎段作为外植体进行快速繁育。

2. 外植体消毒

取健壮的一年生枝条，在 4 ℃温度下保存 24 h，用自来水加洗衣粉清洗两次，再在流水下冲洗 2 h，用 75% 酒精浸泡 10 ~ 15 s，再用 0.1% $HgCl_2$ 浸泡 6 ~ 8 min，加入 1 ~ 2 滴吐温 80，用无菌水清洗 5 次（图 2-2-5）。

图 2-2-5　消毒

3. 茎段增殖培养

带皮茎段离体培养，分别用诱导培养基 MS + BA 4.0 mg/L + IAA 4.0 mg/L 诱导；用分化培养基 MS + BA 2.0 mg/L + NAA 0.3 mg/L 进行分化培养；用增殖培养基 MS + BA 2.0 mg/L + NAA 0.4 mg/L + GA 30.1 mg/L 进行增殖培养。

4. 生根培养

将培养所得侧芽中的健壮芽切取下，转到生根培养基中培养根系。生根培养基为 1/2MS + NAA 0.2 mg/L，要求 pH 值 5.8。培养室培养条件为温度 25 ~ 28 ℃，光周期（光照 / 黑暗）16 h/8 h，光强 2 000 ~ 3 000 lx，培养瓶、试管用封口膜密封。

5. 炼苗、移栽

待生根后移栽前，在培养室内打开封口膜，进行炼苗一周。炼苗后取出生根苗，用清水洗净培养基，移到移栽基质中（移栽基质为蛭石 25% + 珍珠岩 25% + 河沙 20% + 大田土 30%），并置于智能温室大棚中，遮阴，保持土壤湿润，温度 25 ℃左右，空气湿度 95%以上。移苗后管理按常规管理进行，重点注意温室中光、温、水的管理（图 2-2-6）。

图 2-2-6　移栽

6. 建立防虫网室无毒母本采穗圃

将组织培养生产的无毒组培苗移栽至网室无毒母本采穗圃，让其在网室中生长 1 年，待植株枝条生长健壮，达到生产接穗的要求后，开始提供无毒良种接穗。

为了保证采穗质量，防范病毒及危险性病害的感染，无病毒采穗圃需每 2 年更换 1 次。

⊃ **任务安排**

1. **分组**　学生 5 人一组进行组织培养操作训练。

2. **地点**　组织培养实训室。

⊃ **任务要求**

1. **任务准备**　实习训练前学生认真学习组织培养知识要点和工作手册，对训练要领、步骤要熟练掌握。实习指导老师要提前与种苗繁育中心联系，准备好相关实习训练材料与工具。

2. 训练活动　学生分组按流程进行操作训练。

操作流程：选择外植体消毒→增殖培养→生根培养炼苗→移栽。

学生训练结束，完成工作手册作业题。

3. 问题处理　请用不少于 500 字的篇幅写出红肉猕猴桃组织培养的技术要领和收获。

1. 无病毒母本园怎样建设？

2. 红肉猕猴桃如何进行脱毒与扩繁？

3. 无病毒红肉猕猴桃苗圃管理技术有哪些？

红肉猕猴桃苗木组织培养实习

实习地点：

班级：_____　组别：_____　姓名：_____　成员：_____

考核项目	内容		分值	得分
技能操作（55分）	外植体选择	外植体选择错误扣 5 分	5	
	外植体消毒	外植体消毒方法错误扣 5 分，操作不熟练、不规范酌情扣 2～5 分	10	
	茎段增殖培养	操作不熟练、不规范酌情扣 5～10 分	10	
	生根培养	操作不规范、不安全酌情扣 5～10 分	10	
	炼苗移栽	室内温度、水分掌握不好酌情扣 2～5 分，移栽不熟练、不规范酌情扣 2～5 分	10	
	防虫网室建立	网室搭建不规范酌情扣 1～2 分，管理不规范酌情扣 1～2 分	5	
	培养基配制	不能熟练操作酌情扣 1～3 分	5	

续表

考核项目		内容	分值	得分
素质 （35分）	操作现场整理	操作场地清理不到位，每项扣2分	5	
	工匠精神	操作不熟练，吃苦耐劳不够，酌情扣1~5分	5	
	纪律出勤	无故缺席扣5分；迟到早退每次扣1分；其他违纪情况酌情扣1~5分	5	
	"三农"意识	损坏设施、设备扣2~5分，文明用语不当扣2分	5	
	劳动意识	调查现场清理不到位扣2分，劳动任务完成不好扣3分	5	
	团结协作	无合作探究氛围，不互助互学，不合作解决问题，各扣1分	5	
	环保意识	乱丢乱扔垃圾扣2分，操作中不节约材料或损坏果树枝叶酌情扣1~5分	5	
反思 （10分）	作业总结	作业不认真、不规范，格式不符合要求，书面不整洁，不按时完成各扣2分；不及时完成问题处理与反思总结扣5分	10	
合计			100	
评价人员 签字	1. 任课教师： 2. 实习指导教师： 3. 专业带头人： 4. 园区（企业或行业）技术员：			

 任务三　掌握红肉猕猴桃的苗木出圃与调运技术

🔿 **知识目标**

1. 了解红肉猕猴桃合格苗木规格标准；

2. 了解红肉猕猴桃苗木出圃检疫对象；

3. 了解红肉猕猴桃出圃检测方法；

4. 了解红肉猕猴桃出圃调运注意事项。

能力目标

1. 能开展红肉猕猴桃苗木出圃调运前的检测、检疫工作；

2. 能对红肉猕猴桃苗木进行分级、包装。

思政目标

1. 培养学生热爱家乡的情怀，树立振兴猕猴桃产业的志向；

2. 培养学生热爱"三农"的情怀，树立服务"三农"的责任感；

3. 培养学生安全生产、吃苦耐劳、精益求精的工匠精神；

4. 培养学生减少化肥、农药施用量的生产习惯，树立"绿水青山就是金山银山"的环保理念；

5. 培养学生团结协作、互帮互助的协作意识。

知识要点

1. 出圃苗木规格

红肉猕猴桃嫁接苗木出圃规格（表 2-3-1）要求参照"中华人民共和国猕猴桃苗木标准"中"当年生嫁接苗"和"低位嫁接当年生嫁接苗"标准执行。

表 2-3-1　红肉猕猴桃嫁接出圃苗木规格

项 目	级 别		
	一级	二级	三级
品种砧木	纯正	纯正	纯正
侧根数量	4 条以上	4 条以上	4 条以上
侧根基部粗度	0.4 cm 以上	0.3 cm 以上	0.3 cm 以上
侧根长度	全根，且当年生根系长度最低不能低于 20 cm		
侧根分布	均匀分布，舒展，不弯曲盘绕		
嫁接苗高度	40 cm 以上	30 cm 以上	20 cm 以上

项　目	级　别		
	一级	二级	三级
嫁接口上 3 cm 处茎干粗度	0.7 cm 以上	0.6 cm 以上	0.5 cm 以上
饱满芽数	5 个以上	4 个以上	3 个以上
根皮与茎皮	无干缩皱皮	无新损伤处	陈旧损伤面积 $<1.0\ cm^2$

2. 苗木出圃病虫害检疫要求

出圃红肉猕猴桃苗木不得有以下病虫。

（1）根结线虫　北方根结线虫和南方花生根结线虫。

（2）介壳虫　狭口炎盾蚧（又名贪食圆蚧）、绵粉蚧、矢尖蚧、草履蚧、桑白蚧等。

（3）根腐病　疫霉菌类根腐病、蜜环菌类根腐病等。

（4）溃疡病　丁香假单胞杆菌猕猴桃溃疡病致病菌变种。

（5）病毒病　花叶病毒和褪绿叶斑病毒。

（6）丛枝菌类菌原体。

3. 苗木出圃检测方法

同一批苗木要统一检测。

（1）检验砧木类型或猕猴桃品种　根据砧木或红肉猕猴桃品种的植物学特征进行。

（2）测量根系损伤面积　用透明薄膜覆盖伤口绘出面积，再复印到坐标纸上计算总面积。

（3）测量粗度和长度　测量侧根粗度和苗干粗度用游标卡尺，测量侧根长度、苗木长度和苗干高度用钢卷尺。

（4）病虫害检验方法　①根结线虫：根部有不规则膨大结节，数量和大小不一，颜色同健康根相近。在解剖镜下解剖结节可看到半透明状线虫体。②介壳虫：在苗干和枝蔓上附着有被白色蜡粉的褐色或黑色介壳虫体，目检。③根腐病（疫霉菌类根腐病、蜜环菌类根腐病等）：根颈部，乃至整个根系呈水浸状病斑，褐色，腐烂后有酒糟味，目检。④溃疡病：苗干部有溃烂，伴有白色至铁锈色汁液流出，或溃烂后留下的干疤，有纵裂痕，纵裂两侧韧皮部木栓化，并加厚。⑤病毒病（花叶病毒、褪绿叶斑病毒）：叶部有明显病斑。⑥丛枝菌（类菌原体）：枝蔓丛生，芽节间很短。

4. 苗木出圃检测规则

（1）检验苗木限在苗圃进行　苗木检验必须在苗圃进行，不能外运过程中检测，以防止检疫性病虫害传播。

（2）检验苗木质量与数量　采用随机抽样法。999 株及以下抽样 10%，1 000 株及以上，在 999 株及以下抽样 10% 的基础上，对其余株数再抽样 2%，即 999 株及以下抽样数 = 具体株数 × 10%，1 000 株及以上抽样数 = 999 株及以下抽样数 + [（具体株数 − 999 株）× 2%]，计算到小数点后两位数，四舍五入取整数。

5. 起苗、包装、保管和运输

起苗时间应根据定植苗木的时间而定，红肉猕猴桃栽苗期一般是在春季（2月下旬至3月中旬），秋季（9月下旬至11月上旬），这两个时期是集中起苗的时期。

挖苗前几天应做好准备，对苗木挂牌，标明品种、雌雄株、砧木类型、来源、苗龄等。若土壤过于干燥，应提前 3 d 充分灌水，以免起苗时损伤过多须根，待土壤稍疏松干爽后即可起苗。起苗可不带土，起苗后剪掉烂根，短切嫁接苗接穗发出的新梢，然后 50 株一把捆成捆，在当地取得植物检疫部门的检疫证书后即可起运（图 2-3-1）。

图 2-3-1　苗木出圃

红肉猕猴桃苗起苗后如果不能及时定植和调运，要选一个背风、向阳、地势高处，挖一条假植沟进行假植处理。假植沟宽 50 ～ 80 cm，沟深 50 cm 左右，沟长根据苗木数量和土地条件确定，可长可短。如果需要挖 2 条以上假植沟，沟间距离应在 100 cm 以上。沟底铺湿沙或湿润细土 10 cm 厚，将雌、雄品种做好明显标志。将集中捆绑的猕猴桃苗拆散均匀地斜立于假植沟内，填入湿沙或湿润细土，使苗根、茎干与沙土密切接触，地表填土呈堆形，苗木苗梢外露 2 ～ 10 cm。同时在假植沟四周挖排水沟，排除雨水，以确保苗木不受湿害。如果在室内保管苗木，方法基本相同。同时注意室内的通风换气。

苗木在运输途中，严防日晒、雨淋、风吹，注意遮阴，在温度高的天气，应在晚间运输。总之应快装、快运，以最短的时间到达目的地。抓紧定植，可以取得较理想的效果。

训练任务

➡ 工具与材料准备

1. 工具准备

准备好调查用的笔记本、笔、电脑或智能手机、锄头、修枝剪。

2. 材料准备

绑扎绳、标签等材料。

➡ 技能要点

起苗与包装技术要点：

1. 苗木挂牌，在牌上标明品种、雌雄株、砧木类型、来源、苗龄、产地等信息；

2. 起苗前 3 d 灌足水；

3. 剪掉烂根、伤根，并用消毒杀菌剂处理；

4. 剪掉多余的枝蔓；

5. 将同类苗木用绑扎带绑扎，用稻草包扎根系；

6. 苗木每捆进行挂牌标注。

➡ 任务安排

1. 学生以 10 人为一组分组开展实习，组长负责调查总结撰写，负责组织本组成员进行起苗训练。

2. 地点为猕猴桃种苗繁育中心。

➡ 任务要求

1. **实习准备**　学生通过网络、书刊等查看了解当地红肉猕猴桃苗木出圃、调运情况，指导教师提前与猕猴桃种苗繁育中心联系好实习训练事项。

2. **实习活动**　按要求搞好调查活动，并以小组上交调查总结，以小组为单位开展起苗实习训练活动。

3. **问题处理**　以小组为单位撰写红肉猕猴桃苗木起苗与包装的总结，要求字数不少于 300 字。

思考与练习

1. 红肉猕猴桃合格苗木如何分级？
2. 红肉猕猴桃合格苗木怎样分级、包装与调运？

考核与评价

红肉猕猴桃苗木出圃实习

实训地点：

班级：_____ 组别：_____ 姓名：_____ 成员：_____

考核项目		内容	分值	得分
技能操作（55分）	灌水	灌水时间、方法错误，量不足或过量，酌情扣 1~5 分	10	
	苗木挂牌	挂牌不当，信息不完整，酌情扣 1~5 分	10	
	根系处理	根系处理不及时，伤根、烂根处理不妥当，消毒不到位，酌情扣 5~10 分	10	
	枝蔓处理	枝蔓处理不及时，伤枝处理不当，消毒不到位，酌情扣 5~10 分	10	
	苗木包扎	苗木包扎不熟练，根系保护不妥当，酌情扣 2~5 分	15	

续表

考核项目		内容	分值	得分
素质 （35分）	操作现场整理	操作场地清理不到位，每项扣1分	5	
	工匠精神	操作不熟练，吃苦耐劳不够，酌情扣1~5分	5	
	纪律出勤	无故缺席扣5分，迟到早退每次扣1分，其他违纪情况酌情扣1~5分	5	
	"三农"意识	损坏果树、庄稼扣2~5分，文明用语不当扣2分	5	
	劳动意识	调查现场清理不到位扣2分，劳动任务完成不好扣3分	5	
	团结协作	无合作探究氛围，不互助互学，不合作解决问题，各扣1分	5	
	环保意识	乱丢乱扔垃圾扣2分，操作中不节约材料或损坏果树枝叶酌情扣1~5分	5	
反思 （10分）	作业总结	作业不认真、不规范，格式不符合要求，书面不整洁，不按时完成各扣2分；不及时完成问题处理与反思总结扣5分	10	
合计			100	
评价人员 签字	1. 任课教师： 2. 实习指导教师： 3. 专业带头人： 4. 园区（企业或行业）技术员：			

情境 3 　掌握红肉猕猴桃的建园技术

情 境 目 标

/ 知识目标 /

1. 了解红肉猕猴桃果园园地选择知识;

2. 掌握红肉猕猴桃果园建设中园地规划、改土知识,了解猕猴桃栽植及雌雄配置方法。

/ 能力目标 /

1. 能正确进行红肉猕猴桃园的简单规划;

2. 能正确进行红肉猕猴桃的建园。

/ 思政目标 /

1. 帮助学生树立热爱农业、热爱家乡的情怀和服务"三农"的责任感,树立振兴我国猕猴桃产业的志向;

2. 帮助学生养成减少化肥、农药施用的生产习惯,树立"绿水青山就是金山银山"的环保理念;

3. 培养学生吃苦耐劳、精益求精的工匠精神;

4. 培养学生团结协作、互帮互助的协作意识。

任务一　掌握红肉猕猴桃的园地选择技术

任 务 目 标

知识目标

1. 掌握红肉猕猴桃对温度的要求;

2. 掌握红肉猕猴桃对光照、水分的要求;

3. 掌握红肉猕猴桃对于土壤质地的要求。

⮕ 能力目标

能准确判断适合红肉猕猴桃生长发育的温度、土壤质地、光照、水分条件。

⮕ 思政目标

1. 培养学生热爱家乡的情怀，树立振兴猕猴桃产业的志向；

2. 培养学生热爱"三农"的情怀，增强服务"三农"的责任感；

3. 培养学生安全生产、吃苦耐劳、精益求精的工匠精神；

4. 培养学生减少化肥、农药施用量的生产习惯，树立"绿水青山就是金山银山"的环保理念；

5. 培养学生团结协作、互帮互助的协作意识。

任务准备

⮕ 知识要点

红肉猕猴桃建园选地要充分考虑立地气候、土壤质地、环境条件。

1. 红肉猕猴桃园地选择对气温的要求

在年平均气温 13 ~ 17 ℃，极端最高气温不超过 42 ℃，极端最低气温不低于 –7 ℃，≥ 10 ℃年有效积温为 4 500 ~ 5 500 ℃的地区可以建设红肉猕猴桃生产种植园（图 3-1-1）。

图 3-1-1　建园

2. 红肉猕猴桃园地选择对光照、水分的要求

无霜期 220 ~ 290 d，日照时数 1 300 ~ 26 00 h，自然光照强度 ≤ 45%，周年无 6 级

以上大风，年降水量 1 100 mm 左右，空气相对湿度 70% 以上。

3. 红肉猕猴桃园地选择对土壤的要求

红肉猕猴桃建园以土壤中性至微酸性（pH 值 5.5 ~ 6.8），土层深厚、土质疏松、土壤肥沃、富含有机质、地势较高、能灌能排、地下水位 1 m 以下、交通方便的地方建园为宜，最好在生态适应区向山区和丘陵地发展。在山区丘陵选择园址，为避免强光直射，以选西南坡地为宜，坡度应小于 15°（图 3-1-2）。

图 3-1-2　园地选择

工具与材料准备

准备好调查用的笔记本、笔、电脑或智能手机。

任务安排

学生家在农村的以常住乡镇为组开展调查，调查红肉猕猴桃建园对气候、土壤质地和环境条件的要求。

任务要求

1. 调查准备　调查前，要认真阅读知识要点，并通过网络及其他参考资料，了解红肉猕猴桃对气候、土壤、环境的要求。

2. 调查活动　在查阅资料的基础上，走访乡镇农技站、农业技术人员、红肉猕猴桃种植大户了解什么气候条件适合红肉猕猴桃选址建园,什么土壤质地适合红肉猕猴桃种植,红肉猕猴桃建园选址中须考虑哪些环境条件。

3.问题处理　各小组通过调查走访,对选址不合理的红肉猕猴桃果园存在的问题和不良表现,用不少于300字的文字总结。

考核评价

红肉猕猴桃建园要求调查

实习地点:

班级:_____　组别:_____　姓名:_____　成员:_____

考核项目		内容	分值	得分
技能操作 (55分)	气温调查	对建园地年均温、最低温、最高温、无霜期调查不全面,不真实,每项酌情扣1～5分	15	
	光照与风情调查	对建园光照调查不清楚,风口、风向调查不准确,每项酌情扣1～5分	15	
	水分	对建园地降雨情况、灌水与排水情况调查不全面、不真实,每项酌情扣5～10分	10	
	土壤调查	对建园地土壤类型、改土与施肥情况调查不全面、不真实,每项酌情扣5～10分	15	
素质 (35分)	操作现场整理	操作场地清理不到位,每项扣1分	5	
	工匠精神	操作不熟练,吃苦耐劳不够,酌情扣1～5分	5	
	纪律出勤	无故缺席扣5分,迟到早退每次扣1分,其他违纪情况酌情扣1～5分	5	
	"三农"意识	损坏果树、庄稼扣2～5分,文明用语不当扣2分	5	
	劳动意识	调查现场清理不到位扣2分,劳动任务完成不好扣3分	5	
	团结协作	无合作探究氛围,不互助互学,不合作解决问题,各扣1分	5	

考核项目		内容	分值	得分
	环保意识	乱丢乱扔垃圾扣2分,调查中损坏材料或果树枝叶酌情扣1~5分	5	
反思（10分）	作业总结	作业不认真、不规范,格式不符合要求,书面不整洁,不按时完成各扣2分;不及时完成问题处理与反思总结扣5分	10	
合计			100	
评价人员签字	1. 任课教师: 2. 实习指导教师: 3. 专业带头人: 4. 园区（企业或行业）技术员:			

 任务二　掌握红肉猕猴桃的果园建设技术

知识目标

1. 了解红肉猕猴桃果园规划内容;

2. 了解红肉猕猴桃土壤改良技术规范;

3. 掌握红肉猕猴桃五线棚架搭设方法。

能力目标

1. 具有红肉猕猴桃果园规划的能力;

2. 具有红肉猕猴桃果园建设中土壤改良的能力;

3. 具有红肉猕猴桃五线棚架搭设能力。

思政目标

1. 培养学生热爱家乡的情怀,树立振兴猕猴桃产业的志向;

2. 培养学生热爱"三农"的情怀,树立服务"三农"的责任感;

3. 培养学生安全生产、吃苦耐劳、精益求精的工匠精神;

4. 培养学生减少化肥、农药施用量的生产习惯,树立"绿水青山就是金山银山"的环保理念;

5. 培养学生团结协作、互帮互助的协作意识。

任务准备

知识要点

1. 果园规划

（1）小区设计

红肉猕猴桃种植小区划分主要考虑以下原则。

一是同一种植小区内土壤气候光照条件大体一致；二是小区划分要有利于红肉猕猴桃园土壤的水土保持；三是小区划分要有利于红肉猕猴桃园的肥料、果品运输和园地管理机械化操作等主要农事操作（图 3-2-1）。

图 3-2-1　果园规划

地势平坦开阔的地区，适宜建设大型红肉猕猴桃果园，可以按 100 ～ 150 m² 为一小区标准进行划分；在地形较为复杂、地势起伏不大，一般坡度不大于 10° 地区，可以按 50 ～ 90 m² 为一小区标准进行划分；在地势起伏较大，坡度在 10° ～ 20° 的地区，可以按 30 ～ 40 m² 为一小区标准进行划分。在丘陵、山地，小区面积可缩小到 10 ～ 20 m² 为一小区。

小区的形状一般为长方形，以便于使用机耕农具或机械沿长边进行耕作，以减少调头次数，提高工作效率。地势平坦开阔的小区长边要与有害风向垂直；在地形较为复杂、地势起伏大的山地的小区长边，须与等高线平行，这样才有利于土壤耕作和排灌，有利于保持小区内土壤气候条件的相对一致，有利于减少土壤冲刷，保持水土。

（2）道路规划

建立大型红肉猕猴桃果园时，须考虑道路和果园建筑。园区基地要选在交通干线、支线附近，直通国道或地方的交通主干道。果园内道路由主路、干路和支路组成路网，设置

为三级。一级路，即园内主路，要求路宽 5 m，一般设置为绕园路，与园外交通干线和园内干路相连接。二级路，即园内干路，一般要求宽度达到 3.5 m 以上，上接园内主路，下接园内支路（操作道），要便于中小型农用机械通行。三级路，即果园支路（操作道），宽 2.2 m，重点用于小型耕整机、打药机械、叉车运果运肥通行，支路（操作道）在果园水系规划中通常又与排水沟结合运用，一般情况下作为道路，雨季兼作排洪渠（图 3-2-2）。

图 3-2-2　园区道路

（3）水系规划设计

一是排水系统，红肉猕猴桃果园一般设计为明沟排水。方法是在地面上掘明沟，排除地表径流。明沟深度为 70 ~ 150 cm，也兼有排过高地下水的作用。红肉猕猴桃园的排水系统均按自然水路网的走势，由集水的等高沟和总排水沟组成（图 3-2-3）。排水沟的比降一般为 0.3% ~ 0.5%。总排水沟应设立在集水线上，它的方向与等高线呈正交或斜交。在采取等高沟壕进行水土保持时，集水沟应与壕的行向一致。果树行间排水沟的比降朝向支沟，支沟朝向干沟，沟与沟相结合的地方均取弯曲弧度。因为直角相交，泥沙易阻塞，并且影响水流速度。二是灌溉系统，红肉猕猴桃果园应该实施全自动土壤湿度检测和自动化喷灌系统，并尽可能做到灌溉系统能够施肥。设置自动

图 3-2-3　排水系统

化喷灌系统时要注意使用微喷，且微喷头距离果园地面高度要小于 1 m。在开展避雨栽培时，一定要先建设自动化灌溉系统，确保干旱期有充足的水源。

（4）防护林的配置

红肉猕猴桃抗风力弱，因此果园建设时要配套建设防护林（图 3-2-4）。防护林一般设置主林带和副林带。迎风坡林带密，背风坡林带稀，并与果园沟、渠、道路、水土保持工程相结合进行具体设计。考虑山岭风常与山谷主沟方向一致，主体带不宜横跨谷地的特点，主林带设计上与谷向呈 30° 的夹角，并使谷地下部防风林稍偏于谷口，谷地下部采用透风结构林带，以利冷空气排出。同时设置副林带，与主林带相垂直，其作用是辅助主林带阻拦由其他方向来的有害风，以便加强主林带的防护作用。主林带间的距离按 200 ~ 300 m，副林带的带距 500 ~ 800 m。林带与末行果树的距离，在充分利用土地的原则下，考虑到为机械作业留有回旋余地，防止林带遮阴和林果串根等。设置南面林带距末行果树距离为 10 m，北面距离为 8 m，与果园之间用 1 m 深的沟隔开，防止防风林带树种根系向果园内生长。防风林带需定植 2 行以上，要乔、灌木结合，乔木与灌木之比为 2：1；防护林乔木树种一般为水杉，灌木树种多选用黄杨，因水杉长势快，3 年内能达到防护效果，冬季落叶利于果园管理和树体采光，黄杨不但长势快而且具有观赏性。

四川省农业科学院培育的速生桃作为防护林，其既有生长快、经济价值高的特点，还有较好的观赏作用，是值得推广的防护林品种。

图 3-2-4　防护林

（5）果园建筑规划

果园建筑主要为办公室、工人休息室、工具房、分级包装厂、果库、养殖场、瞭望厅、配药池、粪池、喷灌、微灌设施及供水供电设施等，设计规模和建设水平可根据红肉猕猴桃园大小和投资力度而确定。

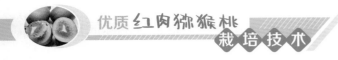
2. 改土建园

（1）平整土地

以规划小区为作业单位，沿水流方向将现有田坎用推土机推成平地或小于15°的斜坡，并按水系和道路系统规划要求做好道路和水渠（图3-2-5）。

图 3-2-5　平整土地

（2）改土方法

实施全园性机械深翻改土方式。

按每 667 m² 园地 3 000 kg 作物秸秆、杂草和 2 000 kg 农家肥（圈肥、堆肥等）及 500 kg 过磷酸钙准备肥料。

将准备的肥料（过磷酸钙必须与农家肥堆沤发酵 60 d 以上）均匀撒在地面上进行全面机械（挖掘机）深翻改土，全园翻挖 8 cm 左右，肥料翻挖在土壤中层和底层。

沿南北方向或小区长边，按 36 m 放线确定大定植厢，间隔 0.5 m，再放一条 2.2 m 支路（操作道），再间隔 0.5 m 后，又按 36 m 放线确定大定植厢（图3-2-6），以此类推。

红肉猕猴桃种植大厢（宽 36 m）（共六小厢，按株距 2 m×行距 3 m 定植，即每大厢种植红肉猕猴桃为 12 行）	排水沟宽 0.5 m深 0.8 m	操作道宽 2.2 m	排水沟宽 0.5 m深 0.8 m	红肉猕猴桃种植大厢（宽 36 m）（共六小厢，按株距 2 m×行距 3 m 定植，即每大厢种植红肉猕猴桃为 12 行）

图 3-2-6　栽植厢示意图

要求：先将红肉猕猴桃种植大厢用旋耕机整平，再按 6 m 距离放线，将大厢分为 6

个红肉猕猴桃定植小厢。以放线为中心，按宽 0.3 m、深 0.7 m 挖排水沟。红肉猕猴桃种植厢必须高于主路、干路和支路（操作道）80 cm，以利于排水和保持园地较低地下水位（图 3-2-7）。

图 3-2-7　土壤改良

3. 搭架

红肉猕猴桃架式以五线棚架为主，也可根据地形合理使用"T"形架（图 3-2-8）。五线棚架是针对红肉猕猴桃的生物特性，强调机械化的新式棚架。优点是果实受光基本一致、着色均匀、大小均匀，阴阳果和日灼伤果极少，棚下杂草少，架体牢固；缺点是投资大。

图 3-2-8　搭架

"T"形架的优点是：投资少，通风好，病虫害少，受光面积大，产量高；缺点是果实受光不均匀、着色不均匀、大小不均匀，阴阳果和日灼伤果较多，棚下长草，架体不牢固。

下面重点介绍五线棚架。

（1）材料准备

水泥杆　长 × 宽 × 高 = 260 cm × 10 cm × 10 cm（预应力钢筋混凝土浇筑，钢筋规格 Φ8 mm，每杆4根钢筋，五道箍筋，预埋纵横穿线胶管 Φ10 mm，设计使用寿命50年以上）（图 3-2-9）。

钢铰线　主线 Φ3.5 mm，副线 Φ2.8 mm（预应热处理镀锌钢铰线，外置高抗 PVC 材料，设计使用寿命30年以上）（图 3-2-10）。

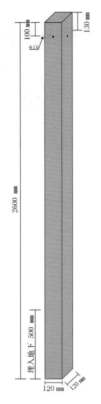

图 3-2-9　水泥杆

图 3-2-10　钢铰线

地锚　钢筋水泥浇筑抗拉力 ≥ 29.4 kN（3 吨力）预埋地锚（图 3-2-11，图 3-2-12）。

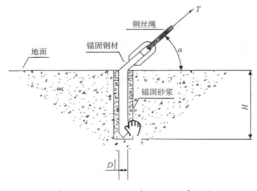

图 3-2-11　地锚示意图

图 3-2-12　地锚

（2）搭架方法

①水泥杆栽植　按顺行向 4 m、垂直行向 3 m 栽植水泥杆，水泥杆入土深度 50 cm，除边杆要斜立外，其余均立直杆。边杆斜立角度一般为 60°。

②预埋地锚　按抗拉力 ≥ 29.4 kN（3 吨力）设计标准浇筑拉线预埋地锚。

③固定角钢　根据现行规划设计的猕猴桃园地种植厢 6 m，长厢两头将角钢固定于水泥杆上，位置为水泥杆顶向下 9 ~ 17 cm 处。

④架设主钢铰线　沿纵横双向架设 Φ3.5 mm 主钢铰线，并用紧线钳 14.7 kN（1.5 吨力）拉力固定于预埋地锚之上。

⑤架设副线（图 3-2-13）　沿行向平行方向架设 Φ2.8 mm 副线，副线用紧线钳拉紧固定于角钢之上，副线间距 50 cm。

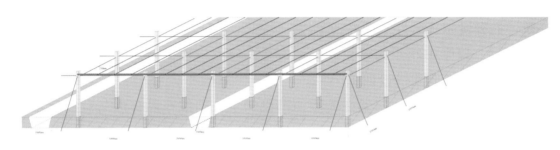

图 3-2-13　架设副线

🡒 工具材料

1. 准备好调查用的笔记本和笔。

2. 准备好网络调查的电脑或智能手机。

🡒 技能要点

大棚架搭设技术要点：

1. 材料准备

水泥杆：长 × 宽 × 高 = 260 cm × 10 cm × 10 cm；

钢铰线：主线 Φ3.5 mm，副线 Φ2.8 mm；

地锚：钢筋水泥浇筑。

2. 水泥杆　顺行向 3 m、垂直行向 3 m，入土 50 cm，除边杆为 60° 向外斜栽外，其余为直杆。

3. 预埋地锚　地锚埋设要与水泥柱相匹配，一定要与水泥杆拉力方向相反，且在一条直线上。

4. 纵横双向架设主钢铰线，主钢铰线间距根据品种、线的粗度确定，一般着力点在水泥杆上或两杆中间。主线两段固定在地锚上，且一定要拉直拉紧，不能出现松软现象。

5. 按间距 50 cm 架设副线，副线一般沿行向在主线两侧各拉 2 根，间距 50 cm，副线两端要固定在地锚上，且要拉直拉紧。

➡ 任务安排

1. **建园调查**　学生以学习小组为单位，采取网络调查和现场调查相结合的方式，对红肉猕猴桃园建园相关要求和具体内容作翔实的调查。

2. **大棚架搭设实习**　在学校或附近新建果园进行大棚架搭设实训。

➡ 任务要求

1. **实训准备**　通过网络和现场调查，了解红肉猕猴桃建园内容和要求；实习指导老师联系好新建猕猴桃园，做好实训准备工作。

2. **实训活动**　以学习小组为单位现场调查 3 个红肉猕猴桃园建园内容与要求；在新建红肉猕猴桃园进行大棚架搭设训练。

3. **问题处理**　各小组就如何保证大棚架搭设的主、副线布局合理与拉线紧直等问题作出 200 字以上的总结。

思考与练习

1. 红肉猕猴桃果园规划中为什么一定要考虑防风林设置？

2. 红肉猕猴桃为什么要运用五线棚架？

考核评价

红肉猕猴桃大棚架建设实习

实习地点：

班级：_____　　组别：_____　　姓名：_____　　成员：_____

考核项目		内容	分值	得分
技能操作（55分）	大棚架材料准备	材料准备不全，不符合要求，每项酌情扣 2 ~ 5 分	15	
技能操作（55分）	水泥杆架设	水泥杆架设位置不当，间隔距离不符合要求，中杆不直边，杆倾斜度不妥当，每项酌情扣 3 ~ 5 分	10	
	地锚埋设	地锚埋设位置不当，深度不够，牢固度不够，每项酌情扣 2 ~ 5 分	10	
	主线架设	主线架设距离不符合要求，紧度不够，每项酌情扣 2 ~ 5 分	10	
	副线架设	副线架设距离不符合要求，紧度不够，每项酌情扣 2 ~ 5 分	10	
素质（35分）	操作现场整理	操作场地清理不到位，每项扣 1 分	5	
	工匠精神	操作不熟练，吃苦耐劳不够，酌情扣 1 ~ 5 分	5	
	纪律出勤	无故缺席扣 5 分，迟到早退每次扣 1 分，其他违纪情况酌情扣 1 ~ 5 分	5	
	"三农"意识	损坏果树、庄稼扣 2 ~ 5 分，文明用语不当扣 2 分	5	
	劳动意识	调查现场清理不到位扣 2 分，劳动任务完成不好扣 3 分	5	
	团结协作	无合作探究氛围，不互助互学，不合作解决问题，各扣 1 分	5	
	环保意识	乱丢乱扔垃圾扣 2 分，操作中不节约材料或损坏果树枝叶酌情扣 1 ~ 5 分	5	
反思（10分）	作业总结	作业不认真、不规范，格式不符合要求，书面不整洁，不按时完成各扣 2 分；不及时完成问题处理与反思总结扣 5 分	10	

考核项目	内容	分值	得分
合计		100	
评价人员 签字	1. 任课教师： 2. 实习指导教师： 3. 专业带头人： 4. 园区（企业或行业）技术员：		

 **任务三　掌握红肉猕猴桃的苗木定植与管理技术**

任务目标

⊙ 知识目标

1. 掌握红肉猕猴桃苗木定植时间、方法；

2. 了解红肉猕猴桃定植的雌雄配置比例和方法；

3. 掌握红肉猕猴桃定植后管理方法。

⊙ 能力目标

1. 能熟练开展红肉猕猴桃定植；

2. 能熟练进行红肉猕猴桃定植后的管理。

⊙ 思政目标

1. 培养学生热爱家乡的情怀，树立振兴猕猴桃产业的志向；

2. 培养学生热爱"三农"的情怀，树立服务"三农"的责任感；

3. 培养学生安全生产、吃苦耐劳、精益求精的工匠精神；

4. 培养学生减少化肥、农药施用量的生产习惯，树立"绿水青山就是金山银山"的环保理念。

5. 培养学生团结协作、互帮互助的协作意识。

任务准备

➡ 知识要点

1. 苗木定植

（1）定植时间

红肉猕猴桃在当年 10 月至翌年 2 月底均可定植。

（2）定植株行距

红肉猕猴桃定植一般按照株距 2 m、行距 3 m 进行定植。

（3）苗木整理

红肉猕猴桃定植前处理，一是剪去或剪齐伤根、伤枝；二是解除嫁接口处的绑扎物；三是按照雌株∶雄株 =（4 ~ 6）∶1 的比例搭配雄株（图 3-3-1）。

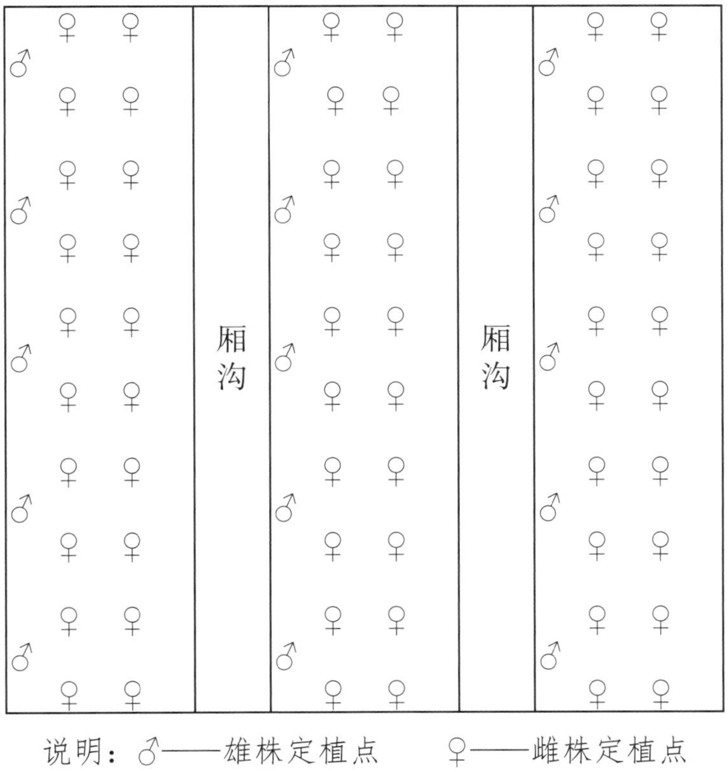

说明：♂——雄株定植点　♀——雌株定植点

图 3-3-1　定植示意图

（4）挖穴做堆

在定植点上直接挖穴做土堆，土堆要做成馒头形，土堆大小依苗木根系长短、多少而定，但土堆必须高于厢面10 cm，才能保证苗木定植后深浅适度（图3-3-2）。

图3-3-2　栽植

（5）栽植方法

将苗木根系分开均匀铺放在土堆上，将根系舒展开，使根系伸直，并倾斜埋入土中。根系放好后，细土填实，切忌用粗土块压根。定植厢无细土、熟土，必须客土栽苗。定植后灌足定根水，待水稍干后，再覆一层细土，并理一个直径1 m的定植盘。

（6）树盘覆盖

苗木栽后要注意增温保湿、防冻。秋冬栽植，用塑料膜覆盖，春天栽植用稻草或草皮覆盖。

2.定植苗管理

（1）剪干

苗木定植后从嫁接口以上留2个饱满芽剪断，剪口距离选留的芽眼1 cm高，以保证芽不受剪口失水而损坏（图3-3-3）。

图3-3-3　剪干

（2）灌水和排水

新植幼树要防涝防渍，加强排水，清理好果园沟渠，防止园内渍水。常年保持土壤田间相对持水量达到70%～80%，涝及时排，旱及时灌，以利幼苗迅速生长。

（3）间作遮阴

苗木定植后的前两年可以在行间（距苗木四周50 cm以外）种植玉米遮阴，为其创造一个适宜的光照、温度环境，可防止幼叶晒伤，缩短缓苗期，促进树体提早抽梢，早成型（图3-3-4）。

图 3-3-4　间作

（4）施肥

新植红肉猕猴桃幼树在新梢20 cm以前禁止施肥。新植幼树的施肥实行少食多餐，生长季节每月施1次，肥料以氮肥为主，辅以磷、钾肥，每次每株施尿素30～40 g，磷酸二氢钾20～30 g，兑水稀释浇灌树盘（图3-3-5）。

图 3-3-5　施肥

（5）插杆、牵绳

一是对冬春定植的嫁接苗，要用2.2 m高的竹竿插靠于苗木旁边，对新抽发的梢进行绑扶。二是在能上架的幼苗旁插2 m高的竹竿，对新抽发的梢进行绑蔓。注意绑蔓一定要呈"8"字形绑，防止绑绳伤蔓（图3-3-6）。

图 3-3-6　牵引

（6）摘心

未计划上架的新梢在 1 m 左右摘心，须上架的新梢在生长明显变细出现弯曲处进行摘心。

工具材料

1. 工具准备

准备好调查用的笔记本和笔、修枝剪等工具。

2. 材料准备

准备好待栽植苗木、清水、地膜、支柱（竹竿）、绑扎绳等材料。

技能要点

苗木定植技能要点：

1. **苗木处理**　一是剪去或剪齐伤根、伤枝；二是解除嫁接口处的绑扎物；三是对伤口进行消毒。

2. **雌雄株配置**　请按（4 ~ 6）∶1 的比例配置好雌雄株。现在采用大棚架式时，多将雄株栽在行间，不减少雌株数量。

3. **挖穴做堆**　在定植点上直接挖穴做土堆，土堆做成馒头形，土堆大小依苗木根系长短、多少而定，但土堆必须高于厢面 1 cm。

4.栽植　将苗木根系分匀铺放在土堆上，把根系舒展开，并使根系伸直。根系放好后，细土填实，切忌用粗土块压根。

5.灌定根水　定植后灌足定根水，待水稍干后，再覆一层细土，并理一个直径 1 m 的定植盘。

6.树盘覆盖　秋冬栽植，用塑料膜覆盖，春天栽植用稻草或草皮覆盖。

⇒ 任务安排

1.学生参观新建果园，了解苗木栽植的方式、方法以及注意事项，按学习小组进行讨论并写好总结。

2.在新建果园进行猕猴桃苗木定植实训。

⇒ 任务要求

1.实训准备　将实习班级学生按学习小组进行分组，以便于实训；实习指导教师联系好新建果园，作好红肉猕猴桃定植实训准备。

2.实训活动　参观新建果园，调查并记录好红肉猕猴桃定植方式、方法；按学习小组开展猕猴桃定植实训。

3.问题处理　请用不少于 300 字的篇幅写出红肉猕猴桃定植技术要点和注意事项。

红肉猕猴桃果园建设调查记录表

观察地点：_____　小组成员：_____　调查时间：_____　记载人：_____

观察项目	主要调查内容	调查结果	备注
园地选址	交通状况		
	气候状况		
	土壤状况		
	地势		
	排灌设施		
小区	大小		
	形状		
道路	主路		
	干路		
	支路		
	办公室		

观察项目	主要调查内容	调查结果	备注
建筑	工人休息室		
	工具房		
	库房		
	配药室		
	粪池		
	其他		
水系	排水设施		
	灌溉设施		
防护林	主林带		
	副林带		
改土建园	土地平整		
	改土方式		
搭架	架材		
	边杆		
	中杆		
	主拉线		
	副拉线		
苗木及定植	品种		
	来源		
	标准		
	苗木运输		
	株距		
	行距		
其他			

思考与练习

1. 红肉猕猴桃苗木如何栽植?
2. 红肉猕猴桃定植后的主要管理要点有哪些?

考核评价

红肉猕猴桃定植实习

实习地点:

班级:_____ 组别:_____ 姓名:_____ 成员:_____

考核项目		内容	分值	得分
技能操作 (55分)	苗木处理	苗木根系、枝蔓处理不到位,消毒不到位,每项酌情扣2～5分	10	
	雌雄株配置	雌雄株配置比例不当扣2～5分	10	
	挖穴做堆	挖定植穴深度过深或不够,做堆高度不够、不横平竖直,每项酌情扣2～5分	10	
	栽植	根系分布不顺直,没有紧贴细土,按压不紧实,每项酌情扣2～5分	15	
	灌定根水	浇水量不足或过量,四周不均匀,每项酌情扣2～5分	5	
	树盘覆盖	薄膜覆盖位置不当,秸秆厚度不够,镇压不实,每项酌情扣2～5分	5	
素质 (35分)	操作现场整理	操作场地清理不到位,每项扣1分	5	
	工匠精神	操作不熟练,吃苦耐劳不够,酌情扣1～5分	5	
	纪律出勤	无故缺席扣5分,迟到早退每次扣1分,其他违纪情况酌情扣1～5分	5	
	"三农"意识	损坏果树、庄稼扣2～5分,文明用语不当扣2分	5	

考核项目		内容	分值	得分
	劳动意识	调查现场清理不到位扣2分,劳动任务完成不好扣3分	5	
	团结协作	无合作探究氛围,不互助互学,不合作解决问题,各扣1分	5	
	环保意识	乱丢乱扔垃圾扣2分,操作中不节约材料或损坏果树枝叶酌情扣1~5分	5	
反思(10分)	作业总结	作业不认真、不规范,格式不符合要求,书面不整洁,不按时完成各扣2分;不及时完成问题处理与反思总结扣5分	10	
合计			100	
评价人员签字	1. 任课教师: 2. 实习指导教师: 3. 专业带头人: 4. 园区(企业或行业)技术员:			

情境 4 掌握红肉猕猴桃的果园管理技术

// 知识目标 //

1. 掌握红肉猕猴桃果园土壤管理知识和技术；

2. 掌握红肉猕猴桃果园施肥知识和技术；

3. 掌握红肉猕猴桃果园需水规律、灌溉方式及果园湿害排除知识与技术。

// 能力目标 //

1. 能正确进行红肉猕猴桃果园的土壤管理；

2. 能科学地对红肉猕猴桃果园进行施肥；

3. 能科学地对红肉猕猴桃果园进行水分管理。

// 思政目标 //

1. 帮助学生树立热爱农业、热爱家乡的情怀和服务"三农"的责任感，树立振兴我国猕猴桃产业的志向；

2. 帮助学生养成减少化肥、农药施用的生产习惯，树立"绿水青山就是金山银山"的理念；

3. 培养学生吃苦耐劳、精益求精的工匠精神；

4. 培养学生团结协作、互帮互助的协作意识。

 任务一 掌握红肉猕猴桃园的土壤管理技术

⊃ 知识目标

1. 了解红肉猕猴桃果园深翻改土的意义；

2. 掌握红肉猕猴桃果园深翻改土的知识与技术；

3. 掌握红肉猕猴桃果园清园、间作和覆盖知识与技术。

➲ 能力目标

1. 能熟练进行红肉猕猴桃果园深翻改土；

2. 能熟练进行红肉猕猴桃果园间作和覆盖。

➲ 思政目标

1. 培养学生热爱家乡的情怀，树立振兴猕猴桃产业的志向；

2. 培养学生热爱"三农"的情怀，树立服务"三农"的责任感；

3. 培养学生安全生产、吃苦耐劳、精益求精的工匠精神；

4. 培养学生减少化肥、农药施用量的生产习惯，树立"绿水青山就是金山银山"的环保理念；

5. 培养学生团结协作、互帮互助的协作意识。

➲ 知识要点

1. 深翻改土

经过深翻改土建立的红肉猕猴桃园，成年后每年结合秋季施肥，在定植穴外沿挖环状沟，宽度 30 ~ 40 cm、深度约 40 cm，第二年接着上年深翻的边沿，向外扩穴深翻。

对于定植前整地改土不充分，现已进入成年结果的园或过去实施的抽槽式改土模式建立的红肉猕猴桃园，配合每年秋季果园土壤管理和基肥施入逐年进行株间和行间轮换深翻改土（图 4-1-1）。其具体方法如下。

（1）深翻时间

采果后至落叶前半个月（一般为 10 月上旬到 11 月

图 4-1-1　土壤改良

中旬）。这个时期叶片合成的养分大量回流到根系中，促进根系大量发生，形成又一次生长高峰，有利于深翻土壤形成的伤根快速愈合，并促发新根。

（2）深翻位置

一般分两年完成，若第一年深翻行间，则第二年就深翻株间。深翻前要对深翻部位放线，若行间深翻，则随着行向距离树干 1 m 处放线，深翻两条线之间的部分；若株间深翻，则随着株向距离树干 0.6 m 放线，深翻两条线之间的部分。

（3）深翻方法

先抽槽，以放的线向树行或株间中心方向，抽 1 个槽，槽长度按种植的具体株行距确定，宽度为两线间宽度，总松土层深度要求为 80 cm 左右。并结合深翻施入基肥，在槽内按照每 667 m² 施入农家肥 4 000 ~ 5 000 kg、过磷酸钙 300 ~ 500 kg，二者堆沤 2 个月以上，翻挖搅拌均匀，然后，将抽槽挖起的熟土全部回填到槽内。

（4）整理沟渠

红肉猕猴桃果园经过一年的沉陷和雨水冲刷，排水沟渠多有所变形，必须依据建园时设计的各类排水沟渠的规格，整理排水沟渠。将整理沟渠时取出的土壤放在定植厢面上，并使定植厢面或植株定植带形成瓦背形，中央高出两边 15 cm 左右。

2. 清园

（1）清园时间

树体自然落叶后至萌芽前（一般为 12 月上中旬至翌年 2 月上旬）。

（2）清园方法

清除园内枯枝、落叶、落果、杂草并集中烧毁，或堆沤成有机肥后施入园中。

（3）土壤消毒

园地普遍浇灌一次波尔多液（按质量配比为硫酸铜∶石灰∶水 = 1∶1∶100 配制）（图 4-1-2），减少地面病菌基数，减轻来年病害防治压力。

图 4-1-2 配制波尔多液

3. 果园间作

（1）幼树间作高秆作物，遮阳

红肉猕猴桃幼树定植后的第一年可于行间间作两行玉米，第二年于行间种植一行玉米。种植玉米要距离猕猴桃树主干 50 cm 以外。这样既可以在高温强日照的夏季为幼小的红肉猕猴桃树遮阳，改善果园小气候，减少地表温度变化幅度，又保持水土，减轻水土流失，同时玉米秸秆和根系腐烂后可增加土壤有机质、改善土壤结构、提高土壤肥力。

（2）多年生树间作豆科增加肥力，减少杂草

红肉猕猴桃定植后第三年以及成年红肉猕猴桃园，一般可以在行间间作豆科作物或绿肥，以增加土壤肥力和减少杂草。但要注意以下几点：

不要种高秆和牵藤作物，以免影响树体通风透光。可种植矮秆豆类作物，如黄豆、绿豆、矮生豇豆、花生等。蔬菜有葱蒜类、茄果类和叶菜类（图4-1-3）。

图 4-1-3　果园绿肥

间作物要距猕猴桃主干50 cm以外。以免造成猕猴桃树周围湿度过大或树干生虫。

不能种植十字花科等高耗磷、硼作物。以免土壤磷、硼消耗过大，导致树干开裂，诱发溃疡病。

（3）生草栽培提高肥力，节约劳力

大型红肉猕猴桃种植园也提倡生草栽培（图4-1-4）方法。就是在果园树间距离树干50 cm以外种植三叶草、毛叶苕子、扁豆、禾本科燕麦草等。生草加割草覆盖树盘和厢面，既降低果园管理的劳动成本，又有利于提高土壤有机质含量和土壤肥力，保护环境，减少风沙和水土流失，净化水质，改善果园温度、湿度、光照等环境条件。

图 4-1-4　生草

4. 园地覆盖

生长季节不进行间作的红肉猕猴桃园可以进行夏季覆盖。覆盖时间一般在夏季高温干旱来临前完成，即6月中旬以前进行为好，覆盖物在秋季随土壤深翻时结合基肥埋入

园土。

夏季覆盖的主要作用有三点：一是调节园地小区气候，降低土温，缓解高温危害，抑制杂草生长，减少水土流失，改善猕猴桃根系生长环境。二是有效防止土壤水分蒸发，保持土壤湿度，使土壤的水、肥、气、热处于稳定状态。三是覆草腐烂后能提高土壤有机质含量，增加土壤养分，改善土壤的理化性状。覆草时间一般在夏季高温干旱来临前完成，即 6 月中旬以前进行为好。覆盖厚度 2 cm。覆盖材料主要是各类秸秆、绿肥、杂草等。覆盖方法因材料多少而定，材料充足的可全园覆盖，材料欠缺的在根尖集中分布区覆盖。覆盖后，应用少量疏松土压住草，防止风吹走覆盖物（图 4-1-5）。

图 4-1-5　果园覆盖

工具材料准备

1. 工具准备

准备好锄头、水桶等工具。

2. 材料准备

准备好覆盖的小麦、玉米、水稻等作物秸秆或者木屑、杂草、树叶、锯末、麸皮、清水、菌种等材料。

技能要点

改土施肥技能点：

1. **实施时间选择**　多在猕猴桃果实采收后，一般于10月下旬至12月上旬实施。

2. **场地选择**　该技术适用于水源充足的猕猴桃园。

3. **材料准备**　每667 m² 需准备小麦、玉米、水稻秸秆或者木屑、杂草、树叶、锯末等 3 000 ～ 4 000 kg，麸皮 80 ～ 100 kg。

4. **菌种处理**　使用秸秆生物降解专用菌种，每667 m² 8 kg菌种搅拌8 kg麦麸，加水 35 ～ 40 kg，混合拌匀，干湿程度以手捏成团松开即散为宜，拌匀后堆积发酵 4 ～ 24 h 即可使用。

5. **开挖土沟**　沟宽 60 cm、深 25 cm 为宜，长度与行长相等，开挖土壤等量分放于沟的两边。

6. **铺放秸秆**　开沟完毕后，在沟内铺放秸秆或锯末等，一般底部铺放整秸秆(玉米秆、高粱秆)，上部铺放碎软秸秆(麦秸、稻草、玉米皮、杂草、树叶以及食用菌下脚料等)，铺完踏实后，厚度 25 ～ 30 cm 沟两头露出 10 cm 左右的秸秆茬，以便进氧气。

7. **施用肥料**　秸秆铺好后，每667 m² 可施用三元复合肥 20 ～ 30 kg 或油饼 10 ～ 20 kg。

8. **撒入菌种**　将事先处理好的菌种均匀撒在秸秆上，撒完后用铁锨轻拍一遍，使菌种与秸秆均匀接触。

9. **覆土浇水**　将沟两边的土填埋于秸秆上，覆土厚度 20 ～ 25 cm，沟垄整平填实，浇水。

10. **打孔增氧**　打孔时间应在猕猴桃叶片散开后（4月底至5月初）每次浇水后 3 d，在垄上用 12# 钢筋（一般长 80 ～ 100 cm，顶端焊 1 个"T"字形的把）打 3 行孔，行距 25 ～ 30 cm、孔距 20 cm、孔深 40 ～ 50 cm，以穿透秸秆层为准，目的是进氧气，促进秸秆发酵转化。

任务安排

学生以学习小组开展实训。

任务要求

1. **实习准备**　实训前通过自学、复习掌握改土施肥的方法、步骤；按要求准备好相关材料；根据实习需要，由组长安排好组员的工作。

2. **实习活动**　根据改土施肥技术要点开展实习活动。

3. **问题处理**　用不少于300字写出实习总结，同时将了解到的家乡猕猴桃园果园覆盖的方式、方法的优缺点进行归纳总结。

思考练习

1. 红肉猕猴桃果园管理中有哪些内容？
2. 红肉猕猴桃果园为什么不能间作高秆作物？
3. 红肉猕猴桃果园深翻改土的目的是什么？

考核评价

红肉猕猴桃定植实习

实习地点：

班级：＿＿＿＿＿　组别：＿＿＿＿＿　姓名：＿＿＿＿＿　成员：＿＿＿＿＿

考核项目		内容	分值	得分
技能操作（55分）	时间、场地选择	改土施肥时间、场地选择不合理，没有在采果后的根系生长高峰期前，无水源保障酌情扣2～5分	5	
	材料准备	材料准备不全，量不足，每项酌情扣2分	5	
	菌种处理	菌种量不够或过量，水分不足或过量，施放不均匀，每项酌情扣2分	10	
	开挖土沟	开挖的沟距离根系过远或过近，深度、宽度不够，土壤堆放不当，每项酌情扣2～5分	10	
	铺放秸秆、肥料和菌种	铺放秸秆、肥料和菌种不均匀，层次错误，量过多或过少，每项酌情扣5分	10	
	覆土浇水	覆土过厚或过薄，浇水过多或过少，每项酌情扣2～5分	5	
	打孔增氧	薄打孔时间不当，打孔方向错误、深度不够，每项酌情扣2～5分	5	
	操作现场整理	操作场地清理不到位，每项扣1分	5	

考核项目		内容	分值	得分
素质 （35分）	工匠精神	操作不熟练，吃苦耐劳不够，酌情扣1～5分	5	
	纪律出勤	无故缺席扣5分，迟到早退每次扣1分，其他违纪情况酌情扣1～5分	5	
	"三农"意识	损坏果树、庄稼扣2～5分，文明用语不当扣2分	5	
	劳动意识	调查现场清理不到位扣2分，劳动任务完成不好扣3分	5	
	团结协作	无合作探究氛围，不互助互学，不合作解决问题，各扣1分	5	
	环保意识	乱丢乱扔垃圾扣2分，操作中不节约材料或损坏果树枝叶酌情扣1～5分	10	
反思 （10分）	作业总结	作业不认真、不规范，格式不符合要求，书面不整洁，不按时完成各扣2分；不及时完成问题处理与反思总结扣5分	10	
合计			100	
评价人员签字	1. 任课教师： 2. 实习指导教师： 3. 专业带头人： 4. 园区（企业或行业）技术员：			

任务二　掌握红肉猕猴桃园的施肥技术

任务目标

➲ 知识目标

掌握红肉猕猴桃园肥料施用种类、施肥量、施肥方法和施肥时间的理论知识与技术。

➲ 能力目标

1. 能熟练进行红肉猕猴桃的土壤施肥和叶面施肥；

2. 能熟练开展红肉猕猴桃的基肥、果实膨大肥、采果肥等肥的施用。

⊙ **思政目标**

1. 培养学生热爱家乡的情怀，树立振兴猕猴桃产业的志向；

2. 培养学生热爱"三农"的情怀，树立服务"三农"的责任感；

3. 培养学生安全生产、吃苦耐劳、精益求精的工匠精神；

4. 培养学生减少化肥、农药施用量的生产习惯，树立"绿水青山就是金山银山"的环保理念；

5. 培养学生团结协作、互帮互助的协作意识。

⊙ **知识要点**

红肉猕猴桃施肥很重要，其决定着树体的早成型、早结果、早丰产、稳产和果实品质的提高。施肥工作做得好，树体生长健壮，生产能力强，抗性强，不容易发生病害，寿命和结果年限长。红肉猕猴桃的枝梢年生长量比较大，大约为地下部分干质量增加量的 1.8 倍，因而对氮、磷、钾等各种营养成分的需求量也增大。进入结果期后，一株树的地上部，每年因修剪和采果，消耗掉大量的养分。新西兰猕猴桃研究中心测定的正常结果园因每年修剪和采果每株果树所损失的主要营养有：N 196.2 g、P（P_2O_5）24.49 g、K（K_2O）253.1 g、Ca 100.1 g、Mg 25.45 g（表 4-2-1）。通过表 4-2-1 换算可知：每年每 667 m^2 猕猴桃果园仅春、夏、冬修剪和采果就带走 N 5 200 g、P 650 g、K 6 500 g、Ca 2 730 g、Mg 690 g。因此，如果土壤施肥不能补充这些最低的损失量时，不仅不能使树体恢复到原有的生长状态，更不能让树体有新的生长量和产量。

表 4-2-1　新西兰猕猴桃修剪和果实采收所带走的营养

养分	各环节损失量 /（g/ 株）				各环节损失量 /（kg/hm²）			
	春夏剪	冬剪	采果	合计	春夏剪	冬剪	采果	合计
氮（N）	67.30	62.70	66.20	196.20	28.0	26.0	24.0	78.0
磷（P）	6.81	8.05	9.63	24.49	2.9	3.4	3.5	9.8
钾（K）	80.70	39.70	132.70	253.10	34.0	16.0	48.0	98.0
钙（Ca）	48.30	38.70	131.10	218.10	20.0	16.3	4.7	41.0
镁（Mg）	9.01	10.78	5.66	25.45	3.8	4.6	2.0	10.4

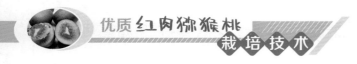

1. 施肥标准

红肉猕猴桃果园的施肥标准，应该建立在最佳红肉猕猴桃生长结果园的土壤和树体全营养分析的基础上。在对最佳生长结果状态的红肉猕猴桃果园的土壤和树体全营养分析后，科学、准确地制定所要施肥红肉猕猴桃果园的实际土壤、树体分析值的补差施肥种类和施肥量（也就是测土配方施肥）。由于红肉猕猴桃科研机构目前尚未对红肉猕猴桃用肥做出不同土壤和立地条件的施肥补差方案。故，现将所收集到的国内外的最佳生态猕猴桃园的土壤分析资料提供给大家，以供制定果园施肥方案时参考（表4-2-2、表4-2-3、表4-2-4）。

表4-2-2　新西兰猕猴桃研究中心的正常结果园地（产量30 t/hm²）土壤速效态矿质营养元素分析

样品名称	N/(mg/kg)	P/(mg/kg)	K/(mg/kg)	Ca/%	Mg/(mg/kg)	S/(mg/kg)	B/(mg/kg)	Fe/(mg/kg)	Zn/(mg/kg)	Mn/(mg/kg)	Cu/(mg/kg)
土壤	286.3	91.4	256	0.26	390	147	0.94	72.3	12.8	15.2	6.6

表4-2-3　湖北省农业科学院测试中心测定的江苏省邗江区红桥猕猴桃高产园（产量2000kg/667 m²）[其中成分为土壤速效养分分析结果，土壤有机质含量12%～16%（1990年10月2日）]

样品名称	N/(mg/kg)	P/(mg/kg)	K/(mg/kg)	Ca/%	Mg/(mg/kg)	S/(mg/kg)	B/(mg/kg)	Fe/(mg/kg)	Zn/(mg/kg)	Mo/(mg/kg)	Mn/(mg/kg)	Cu/(mg/kg)
1号	249.4	91.6	216	0.881	229	42.57	0.25	157	5.55	0.16	186	4.41
2号	208	116	314	0.869	292	36.02	0.25	210	8.65	0.27	165	4.96

表4-2-4　四川苍溪猕猴桃研究所测定的四川省苍溪县东溪镇柴坡村红阳猕猴桃高产园（产量2 000 kg/667 m²）土壤速效态矿质营养元素分析（2005年11月8日）

样品名称	N/(mg/kg)	P/(mg/kg)	K/(mg/kg)	Ca/%	Mg/(mg/kg)	S/(mg/kg)	B/(mg/kg)	Fe/(mg/kg)	Zn/(mg/kg)	Mo/(mg/kg)	Mn/(mg/kg)	Cu/(mg/kg)
1号	246.1	89.7	207	0.86	207	43.11	0.32	168	5.75	0.23	未检	未检
2号	226	103	221	0.79	238	42.1	0.40	193	6.12	0.31	未检	未检

除了测土配方施肥以外，生产上常常通过土壤营养分析、果园立地条件、树体负载情况以及果实、枝梢长势等表现性状，来确定具体肥料的施用种类和数量。

2. 肥料种类

红肉猕猴桃标准化肥料首选有机肥料。有机肥料中尤以红肉猕猴桃本身的枝条和叶片堆沤肥最适合红肉猕猴桃。因此，每年红肉猕猴桃修剪的枝和落叶经严格杀虫杀菌后腐熟而成的有机肥是红肉猕猴桃生长最适肥料。其次才是农家肥和速效性化学肥料，再辅以微量元素肥料，即可以达到全营养供给。

（1）有机肥

人畜粪尿类、饼肥类、红肉猕猴桃本身修剪掉的枝叶、秸秆类、草炭和腐殖酸、绿肥、酒糟有机肥、药渣有机肥、发酵羊粪及微生物肥料（图4-2-1、图4-2-2）。

图 4-2-1　有机肥

（2）无机肥

无机肥也称化学肥料或矿质肥料，包括氮素化学肥料如尿素等；磷素化学肥料如过磷酸钙、钙镁磷肥、磷矿粉等；钾素化学肥料如硫酸钾、氯化钾、窑灰钾肥和草木灰；复合肥料如硝酸磷肥、磷酸二氢钾等；微量元素肥料如硼砂、硼酸、亚硒酸钠、硫酸锰、钼酸铵、硫酸锌、硫酸铜、硫酸亚铁等。

3. 施肥量

红肉猕猴桃园施肥量因树龄、种植密度、土壤

图 4-2-2　有机苗肥

肥力各不同而不一样。红肉猕猴桃一个年周期中植株新生器官所含营养元素的总和就是这一年的施肥量。依据四川苍溪猕猴桃研究所多年来对红阳猕猴桃果园土壤和红阳猕猴桃植株叶片及果实营养分析提出：进入成年期的红阳猕猴桃果园（以年产果 1 000 kg 为标准）每 667 m² 每年的施肥在保持施入优质农家肥 5 000 kg 的基础上，纯 N 施入量为 25 ～ 30 kg、P 为 15 ～ 20 kg、K 为 20 ～ 25 kg（表4-2-5）。幼树酌减。

表 4-2-5　一般果园的施肥量

树龄	年产量	年施用肥料总量			
		优质农家肥	水溶肥 /（kg/667 m²）		
			N	P	K
定植第 1 年		1 500	4 ~ 5	2 ~ 3	3 ~ 4
2 ~ 3 年		2 000	8 ~ 12	4 ~ 6	6 ~ 10
4 ~ 5 年	500	3 000 ~ 4 000	15 ~ 20	8 ~ 12	10 ~ 15
6 年生以上	1 000	5 000	25 ~ 30	15 ~ 20	20 ~ 25

4. 施肥时期

（1）基肥

以充分腐熟的农家肥为主，辅以适量无机肥料。施用时期为采果后到落叶前最好，一般在 9 月下旬至 10 月上中旬施入最佳。施肥量要占全年施肥量的 60% 左右。磷肥在此期配合有机肥一起施入最佳。

（2）芽前肥

也称壮芽肥，立春前 10 d，以高磷水溶肥为主。株施高磷型悬浮液体肥 200 g［养分含量（g/L）：N 150、P 200、K 130、B 2、Zn 1、有机质 80，内含黄腐酸、氨基酸］。

（3）花前肥

开花前一周施入，一般在春分前后，以高氮水溶肥为主。每株施高氮悬浮液体肥 200 g ［养分含量（g/L）：N 270、P 60、K 170、B 2、Zn 1、有机质 10，内含黄腐酸、氨基酸］。

（4）壮果肥

谢花后 15 ~ 20 d，以高钾水溶肥为主。每株施高钾悬浮液体肥 200 g［养分含量（g/L）：N 140、P 75、K 285、B 2、Zn 1、有机质 60，内含黄腐酸、氨基酸］。

（5）送嫁肥

采果后施入，以平衡型水溶肥为主。每株施平衡型水溶肥 200 g［养分含量（g/L）：N 170、P 170、K 170、B 2、Zn 1、有机质 60，内含黄腐酸、氨基酸］。

（6）根外追肥

也叫叶面施肥，其用量少、肥效快，不受营养分配中心的影响，可及时对红肉猕猴桃补充营养元素，也可避免土壤对营养元素的固定。但是，叶面施肥毕竟施肥量小，元素不全面，不能代替土壤施肥。红肉猕猴桃果实未套袋期间根外追肥可能污染果面，部分金属元素还损伤叶片，生产中应注意避免。根外追肥主要是氮、磷、钾肥及微量元素。

5. 施肥方法

（1）基肥

结合深翻改土，可以当年秋季隔行施入，次年秋季隔株施入。幼年树多以环状施肥法，成年树多以条状施肥法。一般施肥沟宽 30 ～ 40 cm，沟深 40 ～ 60 cm。也可采用撒运翻耕入土（图 4-2-3）。

图 4-2-3　全园撒施

（2）追肥

主要采用环状式、条状式、穴式等方式施入。

追肥施入根尖集中分布以外范围，化肥在土壤中稀释后浓度不高于 2%，避免肥料伤根。也可运用园区安装的水肥一体化系统进行施肥。

（3）根外追肥

在果实套袋后至采果 1 个月前用大量及微量元素肥均可喷雾，使用浓度一般为 0.1% ～ 0.3%（图 4-2-4）。

图 4-2-4　根外施肥

6. 秋施基肥技术方案

（1）秋施基肥的好处及最佳时间点

红肉猕猴桃在9—10月结合翻园施用基肥有诸多好处。多年生产实践证明，花同样多的钱，施同样种类和数量的肥料，由于施肥时间不同，效果会有很大差异，生产中总结出"秋施金，冬施银，开春施肥等于零"的经验，这是因为：

温度适宜有机肥腐熟。 秋季温度较高，土壤温度适宜，有利于微生物繁殖和根系活动，有利于有机肥（物）等的腐熟分解和根部吸收，提高肥料的利用率。

有利根系更新换代。 此时正逢根系第三次生长高峰，翻园等造成的伤根易于愈合，有利于根系的更新换代，对根系和树体的伤害等能减到最小。

能提高养分储备水平。 此期叶片还处于功能旺盛期，通过根系吸收的肥料能最大限度地转化为营养物质，有利于提高树体储备营养水平，有助于花芽继续分化和充实，以满足来年春季果树萌芽、开花、抽枝、展叶、坐果、幼果初期膨大等所需要的养分。

能改良土壤结构和树体抵抗力。 通过秋施基肥，可以打破土壤板结、调节土壤酸碱度，增加土壤通气性、改善土壤团粒结构和培肥地力。同时，秋季施用有机肥（物）还能增加树体的抗逆性，特别是抗寒力。

因此，基肥应在秋梢停长后及早施入，红肉品种采后应立即施基肥，绿肉和黄肉等晚熟品种则要带果施基肥，这项工作最好在国庆节前完成。

（2）秋施基肥方案、配方及规格

秋施基肥方案。 根据需要既要考虑营养补充，又要考虑不能引发秋梢；既要考虑肥料种类搭配齐全，又要考虑使用量和平衡。施肥方案主要以有机肥（包括菌剂）为主，化肥为辅，要特别注意控制氮肥施用量，适当增施磷钾肥和中微肥。做到改土与树体储藏养分相结合、养地与养根相结合、速效与特效相结合，力求大中微平衡、有机无机平衡，酸碱适度，管理好田间水分。

秋施基肥配方及规格。 按一调二增三平衡的原则进行，即调土壤酸碱度，增施微肥，平衡土壤养分。

调酸＋中微量营养元素：施全十美（20 kg/袋）、增施有机质和菌剂、防治根结线虫等；（酒糟）有机肥（40 kg/袋），干牛粪（40 kg/袋），慕健达（20 kg/袋）。

有机肥以充分腐熟的经过无害化处理的农家肥为主，包括堆肥、沤肥、沼气肥、绿肥、作物秸秆肥、泥肥、饼肥等农家肥料。大果园应考虑购买商品有机肥、腐殖酸类肥、微生物肥、有机无机复混肥等。

秋季施肥量要占全年施肥量的60%以上。根据土壤情况、树龄树势、当年挂果量等确定秋季施肥量。

结果树根据产量来确定施肥量，每667 m² 施：全十美40 kg、酒糟有机肥1 000 kg、干牛粪 1 000 kg、慕健达 1 00 kg。

（3）翻园施肥的具体方法

秋施基肥的深度 根据果树"四分之一根系理论"，只要施肥部位能覆盖果树 1/4 的根系，就能满足其正常的生长结果需要。同时也要考虑秋季雨水较多，施肥后有一定的沉降，故猕猴桃果树的施肥不宜过深，以 20 ～ 35 cm 为宜。

施肥还要考虑施肥的具体方法，幼龄树宜用环状沟施法，大面积的成龄树有条件的建议全园撒施翻耕法，根据果园实际也可采用条状沟施法。

环状沟施法 沿树冠外围，挖宽 30 ～ 40 cm、深 20 ～ 35 cm 的环状沟，把肥料均匀施入沟内与土混匀，然后覆土（图 4-2-5）。

全园撒施翻耕法 将肥料撒施于果园，然后用人工或机械将肥料均匀地翻入土中，深度 20 ～ 35 cm。

条状沟施法 在树冠外围相对两侧各挖一条深 20 ～ 35 cm、宽 40 cm 的沟，长度要稍短于树冠，将肥料施入沟里，然后覆土。来年换到另外两侧挖沟（图 4-2-6）。

图 4-2-5 环状施肥

图 4-2-6 条状施肥

放射沟施肥法 在树冠下，距主干 1 m 以外处，顺水平根方向放射状挖 5 ～ 8 条沟施肥。沟宽 30 ～ 40 cm，深度以不伤大根为宜，长度一般 60 cm 左右。将肥料与表土混合施入，覆土。大树可将放射沟与环状沟结合使用，使根系分布范围内有较多的养分（图 4-2-7）。

图 4-2-7　放射沟施肥

秋季施肥后如雨水较少，则施肥后需要浇一次水，以提高肥料的降解、转移和吸收。如雨水较多则要注意排水，以免沤根造成早期落叶。

综上所述，秋季是改良和培肥地力、提升树势的最佳时期，更是来年果品高产优质的起跑线。要想不输在起跑线，就必须首先在思想上引起高度重视，及早做好物资准备和工作安排，按时按质按量做好秋季果园施肥，为来年果品高产优质打下坚实的物质基础。

训练任务

🔜 工具与材料准备

1. 工具准备

准备好笔记本、笔、锄头、水盆等工具。

2. 材料准备

准备好农家肥、猕猴桃专用复合肥等材料。

🔜 技能要点

1. 施肥时间　秋施基肥，采果后早施比较有利，多在 10—11 月。

2. 肥料种类　有机肥为主，同时加入一定量的速效氮肥。有机肥主要厩肥、堆肥、饼肥、人粪尿、腐熟的羊粪等，同时加入一定量速效氮肥，根据果园土壤养分情况可配合施入磷、钾肥。

3. **施肥深度**　主要施在根系集中分布层，多在 40 ~ 60 cm 土层中。

4. **注意事项**　一是施肥时一定要灌足水分；二是施肥与改土结合，节省劳动力。

▶ 任务安排

1. **生产调查安排**　学生分组对猕猴桃园开展施肥情况调查。

2. **基肥施用实训安排**　以学习小组为单位开展红肉猕猴桃基肥施用实训。

▶ 任务要求

1. **实训活动**　调查工作分小组进行，结束后由小组长进行总结，并在班级总结会时上交总结；实训活动以学习小组开展。活动结束后，上交个人总结和小组总结。

2. **问题处理**　根据实训情况，写出 200 字以上的果园基肥施用技术总结。

思考与练习

1. 红肉猕猴桃果园管理中，开花后要施用什么肥料？

2. 红肉猕猴桃果园基肥如何施用？

考核评价

红肉猕猴桃果园基肥施用实习

实习地点：

班级：_____　组别：_____　姓名：_____　成员：_____

考核项目	内容		分值	得分
技能操作（55分）	施肥时间	施基肥时间把握不当，过迟或过早，酌情扣 2 ~ 5 分	5	
	肥料种类	没有以基肥为主，没有配合氮、磷、钾肥及其他微肥，每项酌情扣 2 分	10	
	施肥量	施肥总量不够或过量，配合的肥料用量过多或过少，每项酌情扣 2 分	10	

考核项目		内容	分值	得分
技能操作 （55分）	施肥深度	施肥深度过深或过浅，酌情扣2~5分	15	
	施肥方法	施肥不均匀，未拌土，未压实，施肥后未及时浇水，浇水量不足或过多，每项酌情扣5分	15	
素质 （35分）	操作现场整理	操作场地清理不到位，每项扣1分	5	
	工匠精神	操作不熟练，吃苦耐劳不够，酌情扣1~5分	5	
	纪律出勤	无故缺席扣5分，迟到早退每次扣1分，其他违纪情况酌情扣1~5分	5	
	"三农"意识	损坏果树、庄稼扣2~5分，文明用语不当扣2分	5	
	劳动意识	调查现场清理不到位扣2分，劳动任务完成不好扣3分	5	
	团结协作	无合作探究氛围，不互助互学，不合作解决问题，各扣1分	5	
	环保意识	乱丢乱扔垃圾扣2分，调查中损坏果树枝叶和不节约肥水酌情扣1~5分	5	
反思 （10分）	作业总结	作业不认真、不规范，格式不符合要求，书面不整洁，不按时完成各扣2分；不及时完成问题处理与反思总结扣5分	10	
合计			100	
评价人员签字	1. 任课教师： 2. 实习指导教师： 3. 专业带头人： 4. 园区（企业或行业）技术员：			

任务三 掌握红肉猕猴桃园的水分管理技术

知识目标

1. 了解红肉猕猴桃的需水特点和规律；

2. 掌握红肉猕猴桃的灌水方法、灌水量；

3. 掌握红肉猕猴桃果园排湿技术。

能力目标

能熟练进行果园排灌水。

思政目标

1. 培养学生热爱家乡的情怀，树立振兴猕猴桃产业的志向；

2. 培养学生热爱"三农"的情怀，树立服务"三农"的责任感；

3. 培养学生安全生产、吃苦耐劳、精益求精的工匠精神；

4. 培养学生减少水肥、农药施用量的生产习惯，树立"绿水青山就是金山银山"的环保理念；

5. 培养学生团结协作、互帮互助的协作意识。

知识要点

红肉猕猴桃多采用美味猕猴桃做基砧，其根系属于肉质根，对土壤水分比较敏感，一般喜湿润、惧干旱、怕水涝。红肉猕猴桃果园田间相对持水量常年保持在 60%～80% 有利于其健康生长和开花结果。

1. 需水规律、灌水时期

（1）红肉猕猴桃的需水时期

萌芽前、开花前、新梢生长和幼果膨大期、果实迅速生长和花芽生理分化期、夏季高温期需水量多；秋季少雨、落叶期、休眠期需要适量水分供给。

（2）红肉猕猴桃的灌水量

红肉猕猴桃园要求最适宜的土壤相对持水量为 60%～80%，低于 60% 时，必须灌水，否则可能会发生不可逆转的萎蔫而死树。

2. 灌水方式

（1）喷灌

喷灌是借助水泵和管道系统或利用自然水源的落差，把具有一定压力的水喷到空中，散成小水滴或形成弥雾降落到植物上和地面上的灌溉方式（图4-3-1）。一个完整的喷灌系统一般由喷头、管网、首部和水源组成，喷头设置在树冠之上。具有节省水量、不破坏土壤结构、调节地面气候且不受地形限制等优点。

图 4-3-1　喷灌

（2）微喷灌

在猕猴桃果园架下安装微喷灌，喷雾半径1 m，喷头高度距地面1 m左右，可依据红肉猕猴桃架杆固定输水管道，有固定（自压）和移动喷灌（喷灌机）2种。通过喷头将水喷到空中，成为水滴降落到地面上（图4-3-2）。

图 4-3-2　微喷灌

（3）滴灌

在有自动控制系统的果园可以安装滴灌（图4-3-3），滴灌结合施肥，以水滴的形式慢慢地浸润红肉猕猴桃植株的根域，补充水分和源源不断地供给根系营养。

经调查发现，红肉猕猴桃园最好空中喷灌与地下滴灌结合为佳。

图4-3-3　滴灌

3. 排水除湿

土壤积水，造成土壤缺氧，园地排水不良，造成涝害，引起根系死亡。为了防止猕猴桃受涝害，建园前的选址非常重要。红肉猕猴桃要选在不易受涝的地方，具体要求地下水位低于1.5 m，排水方便。如果在平地建红肉猕猴桃园，则果园小区四周要挖深和宽各1 m的主排水沟，与果园周围大的排水系统贯通，要保证顺利排出积水。

为了防止红肉猕猴桃果园积水，建园时除要规划和修建好排水沟渠外，苗木还要实施垄厢栽植，栽植红肉猕猴桃的垄厢要高于各级道路80 cm以上，并形成瓦背状，一般中间高于两边10～15 cm。每年冬季结合清园清理好主道路、干路和支路（操作道）两侧的沟渠和定植垄厢之间的小沟，保持排水畅通。

工具与材料准备

准备好调查用的笔记本和笔。

➲ 任务安排

学生分组对猕猴桃园进行水分管理情况调查。

➲ 任务要求

1. 调查准备 通过网络查询，了解红肉猕猴桃水分管理情况。

2. 调查活动 在查阅资料的基础上，进一步走访红肉猕猴桃种植户、园区及技术员，了解红肉猕猴桃果园一年中需水高峰期，红肉猕猴桃果园干旱时灌水方法。

3. 问题处理 根据调查结果，讨论果园喷灌有哪些优点，红肉猕猴桃园可否大水灌溉。

思 考 与 练 习

1. 红肉猕猴桃果园如何排湿？
2. 红肉猕猴桃果园一年中的需水有什么特点？

考 核 评 价

红肉猕猴桃果园基肥施用实习

实习地点：

班级：＿＿＿＿＿＿ 组别：＿＿＿＿＿＿ 姓名：＿＿＿＿＿＿ 成员：＿＿＿＿＿＿

考核项目		内容	分值	得分
技能操作（55分）	红肉猕猴桃水分管理情况调查	红肉猕猴桃水分管理情况调查不全面，不真实，酌情扣 2～5 分	15	
	需水高峰期调查	需水高峰期调查不准确、不真实，每项酌情扣 2 分	15	
	灌水方法调查	灌水方法了解不全面、不真实，每项酌情扣 2 分	10	
	排水状况调查	排水情况调查不完全，数据不真实，酌情扣 2～5 分	15	

考核项目		内容	分值	得分
素质 （35分）	工匠精神	调查不认真，吃苦耐劳不够，酌情扣 1～5 分	5	
	纪律出勤	无故缺席扣 5 分，迟到早退每次扣 1 分，其他违纪情况酌情扣 1～5 分	5	
	"三农"意识	损坏果树、庄稼扣 2～5 分，文明用语不当扣 2 分	5	
	劳动意识	调查现场清理不到位扣 2 分，劳动任务完成不好扣 3 分	5	
	团结协作	无合作探究氛围，不互助互学，不合作解决问题，各扣 1 分	5	
	环保意识	乱丢乱扔垃圾扣 2 分，调查中损坏果树枝叶和不节约肥水酌情扣 1～5 分	10	
反思 （10分）	作业总结	作业不认真、不规范，格式不符合要求，书面不整洁，不按时完成各扣 2 分；不及时完成问题处理与反思总结扣 5 分	10	
合计			100	
评价人员签字		1. 任课教师： 2. 实习指导教师： 3. 专业带头人： 4. 园区（企业或行业）技术员：		

情境 5　掌握红肉猕猴桃的整形修剪技术

情 境 目 标

// 知识目标 //

  1.了解红肉猕猴桃修剪的目的、原则和措施;

  2.掌握红肉猕猴桃的主要树形和整形方法;

  3.掌握红肉猕猴桃不同生长期、发育期的修剪技术。

// 能力目标 //

  1.能根据不同栽培方式、不同树形、不同棚架对红肉猕猴桃进行整形;

  2.能在不同时期对不同类型红肉猕猴桃树进行修剪。

// 思政目标 //

  1.帮助学生树立热爱农业、热爱家乡的情怀和服务"三农"的责任感,树立振兴我国猕猴桃产业的志向;

  2.帮助学生养成减少化肥、农药施用的生产习惯,树立"绿水青山就是金山银山"的环保理念;

  3.培养学生吃苦耐劳、精益求精的工匠精神;

  4.培养学生团结协作、互帮互助的协作意识。

 任务一　认识红肉猕猴桃的整形修剪目的、原则和措施

 **任 务 目 标**

▷ 知识目标

  1.了解红肉猕猴桃整形修剪的目的意义;

  2.了解红肉猕猴桃整形修剪的一般原则;

  3.掌握红肉猕猴桃整形修剪的主要措施。

⟹ 能力目标

能熟练运用各种整形、修剪技术对红肉猕猴桃进行整形与修剪。

⟹ 思政目标

1. 培养学生热爱家乡的情怀，树立振兴猕猴桃产业的志向；

2. 培养学生热爱"三农"的情怀，树立服务"三农"的责任感；

3. 培养学生安全生产、吃苦耐劳、精益求精的工匠精神；

4. 培养学生降碳环保的生产习惯，树立"绿水青山就是金山银山"的理念；

5. 培养学生团结协作、互帮互助的协作意识。

⟹ 知识要点

1. 整形修剪目的

培养合理的树体结构，扩大树冠有效面积，使幼树迅速成型，早结丰产；平衡营养生长与生殖生长，促进盛产期连年丰产稳产；调节枝量与密度，使树体通风透光，减少病虫危害，增进果实品质，控制叶、果比例，使树体健壮，延长树体寿命。

2. 整形修剪原则

红肉猕猴桃整形修剪的原则是采取最简单的修剪技术和措施，达到合理利用果园的光、热、气等自然生态资源，增加树体营养合成，减少树体营养消耗和浪费，最终有利早结果、多结果、结好果。整形修剪技术最终达到好学、好懂、易推广，在推广运用中不易变形走样。

3. 整形修剪主要措施

（1）抹芽

在生长季节前期，及时抹除或削去过多的萌芽或不在预留枝条位置上的芽，以节约树体营养，减少无用枝蔓生长，集中营养供应有用枝蔓和叶果的有效生长（图 5-1-1）。新植幼树要保持新梢直立生长优势，要抹去或削去顶端芽以下的芽和砧木上的萌蘖。成年树抹除或削去各级枝蔓背上芽、背下芽、上年结果母枝极重短切后留下的母蔓座上萌发的多余芽，疏枝蔓后刺激的隐芽和根颈部隐芽，以及有碍于骨架枝蔓生长的过多萌芽和砧木上的萌蘖。抹芽要与枝蔓培养、更新技术相结合，注意选留母蔓座上萌发位置适当的芽，培养来年结果母蔓，并注意在树体上有空间的地方选留主、侧蔓上的芽填补空间，最大限度实现有效树体结构。

图 5-1-1　抹芽

（2）摘心

摘心又叫掐尖（图 5-1-2），是指新梢在尚未木质化之前，摘除先端的幼嫩部分。新植幼树在第一次新梢停长前会减缓长势而尖端变得弯曲，此时应在明显变细变弯曲处摘心。对幼树新梢进行摘心，能暂时抑制其加长生长，促进增粗生长，促进新梢木质化和成熟，从而有利于第二次加长生长，加快幼树成形。对初果期和盛果期树适时摘心，可以促使腋芽萌发，增加枝蔓量、叶量及功能叶面积，有利于养分的积累，可提高腋芽发育质量，促进花芽分化，最终实现节约营养、提高花芽质量、提高坐果率和果实品质。

根据生产需要可实施不同程度的摘心，即轻度摘心、中度摘心和重度摘心。不同程度的摘心，效果各异。重摘心促发分枝作用比轻、中度摘心强烈。轻度摘心是在春、夏季，当红肉猕猴桃枝蔓开始旋转生长时，可以手工摘心或用棍子、竹竿从其幼嫩部位敲断，这种摘心方式也称为打顶。轻度摘心一般不易促发侧芽，主要是暂时抑制加长生长，促进加粗生长和增加功能叶面积。中度摘心的程度介于重度摘心

图 5-1-2　摘心

和轻度摘心之间，其树体反应和效果也介于两者之间。

（3）拿枝

拿枝也称扭梢（图5-1-3）。当新梢半木质化时，用手捏住新梢的中下部扭转30°～60°，伤及木质和皮层，新梢有分离但不会折断，称为拿枝。拿枝能较强地削弱新生枝蔓的生长势，使其短期内停止生长，有利于局部营养积累，有利于花芽形成，并能刺激拿枝部位以内发出新梢。在控制可利用的背上枝蔓和内向枝蔓的生长势，以补充全树营养面积时，常常运用该技术。

图5-1-3 拿枝

（4）拉枝

拉枝也称拉枝绑蔓，就是改变枝蔓的生长方向，改变生长势，使空间利用合理，有利于树体生长和结果（图5-1-4）。红肉猕猴桃的枝蔓较软，容易拉引。在生产上，为了培育良好树形和保持成年树优良树体结构，可在生长季节利用拉枝绑蔓措施调整枝蔓的生长方向，以达到及时更换枝位，保持树体良好结构和良好生长结果状态等目的。冬季修剪后的拉枝绑蔓主要是牵拉均匀摆布骨架枝（包括主蔓、结果母蔓及营养枝蔓），为来年树体良好生长结果打下基础。

拉枝绑蔓的要点：一是用绳索将枝蔓均匀地固定在架面铁丝上，既不能让其自然移位，又不能绑得过紧，造成生长期枝条出现环缢，

图5-1-4 拉枝

影响正常生长。多采用"8"字形绑蔓，架面铁丝上绑紧，枝蔓上绑松。绑蔓用材料可用软塑料绳布条，禁止直接使用铁丝绑扎。二是夏季实施拉枝绑蔓，必须要注意保护叶片和果实。三是冬季修剪绑蔓要根据树形，让枝条均匀分布，合理占用空间，使来年树体能充分有效地利用果园有限的温、光、水、气资源。

（5）刻芽

伤流期后至立秋前，对于主蔓有空位，需要诱发侧蔓（结果母蔓）填补空位，可根据树形要求，选择合适部位芽，在距芽上方1 cm处横刻一刀，宽度为芽宽度的2~3倍，深度达木质部，称刻芽（图5-1-5）。刻伤处理，愈合时间长，等次年树体树液流动时，伤口已经愈合，不会出现伤流。然而新产生的愈伤组织缺乏输导作用，短期阻碍养分运输，使春季回流的叶片营养优先供给刻伤部下方芽，促其萌发生长，长成长枝。

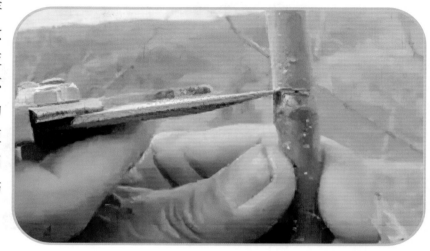

图 5-1-5　刻芽

（6）缓放

对一年生枝蔓不修剪或仅轻度摘心，任其自然生长，称为缓放（图5-1-6）。缓放的作用在于缓和树势和局部枝蔓生长势，有利于花芽（花枝）的形成，是幼年树降低树势、平衡营养生长和生殖生长最常用的措施。

图 5-1-6　缓放

（7）短截

冬季修剪时进行，指剪去一年生枝蔓的一部分称为短截（图5-1-7）。常用于幼树整形和成年树结果母枝培养。根据短截程度，分为轻、中、重、极重短截。

图 5-1-7　短截

（8）回缩

冬季修剪时进行，剪截多年生枝蔓的一部分称为回缩（图5-1-8）。主要用于结果母蔓及结果枝组的更新。

图 5-1-8　回缩

（9）疏枝

疏枝也称疏蔓（图5-1-9）。将一年生或多年生枝蔓（包括当年结果母蔓）从基部剪除即为疏枝。当年结果母蔓结果后衰弱，抹芽不及时、不彻底，常导致树冠上又生长过多的无用枝蔓，这些枝蔓在冬季修剪时，需要从基部疏除。疏枝蔓的作用是更新结果母蔓，改善树冠内通风透光条件，平衡枝蔓间的生长，减少养分的无效消耗，促进花芽形成。疏枝多在冬季修剪时进行，主要除去当年结果母枝和结果枝、过多的来年结果母枝、多余的辅养枝、背上枝和背下枝、细弱枝和病虫枝等。

图 5-1-9　疏枝

训练任务

➡ 工具与材料准备

1. 工具准备

准备好调查用的电脑或智能手机、笔，以及修枝剪、手锯等工具。

2. 基地准备

联系好整形修剪实训的校外基地。

➡ 技能要点

1. 疏枝技术要点

（1）红肉猕猴桃以新枝结果为主，进入结果期的树常用到疏枝；

（2）当年结果母蔓结果后衰弱，需要从基部疏除；

（3）疏枝多在冬季修剪时进行，主要除去当年结果母枝和结果枝、过多的来年结果母枝、多余的辅养枝、背上枝和背下枝、细弱枝和病虫枝等（图 5-1-10）。

2. 短切技术要点

（1）红肉猕猴桃幼树整形和成年树结果母

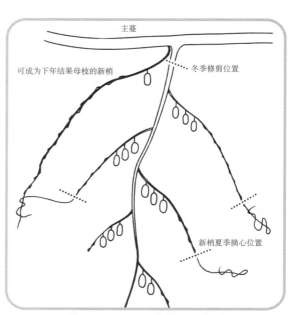

图 5-1-10　疏枝示意图

枝培养常采用短截法；

（2）冬季修剪时常采用，是剪去一年生枝蔓的一部分；

（3）轻短截，是剪切一年生枝条的 1/4 ~ 1/6，良好的一年生营养枝一般是在变细变弯处剪切；

（4）中短截，是剪切一年生枝条的 1/3 ~ 1/2；

（5）重短截，是剪切一年生枝条的 3/4 ~ 2/3；

（6）极重短截，是在枝条基部留 1 ~ 2 个芽短切。

➲ 任务安排

学生家在农村的，以所在乡镇为一组开展调查；家在县城的学生为一组开展调查。

➲ 任务要求

1. **实训准备**　通过网络调查、现场调查，了解红肉猕猴桃的整形修剪方法。

2. **实训活动**　以学习小组开展实训活动，调查主要了解红肉猕猴桃的整形修剪方法，实训主要掌握修剪的方法。

思考与练习

1. 红肉猕猴桃修剪原则有哪些？
2. 红肉猕猴桃修剪措施有哪些？

考核评价

红肉猕猴桃修剪方法实习

实习地点：

班级：_____　　组别：_____　　姓名：_____　　成员：_____

考核项目		内容	分值	得分
技能操作 （55分）	疏枝	疏枝对象错误或不准确，未将干枯枝、病虫枝、衰弱枝、背上枝疏除，每项酌情扣 2 ~ 5 分	25	

考核项目		内容	分值	得分
技能操作 （55分）	短截枝	没有根据树势、枝的长势进行短切，短截对象不准确，短截量不合适，每项酌情扣 2 ~ 5 分	30	
素质 （35分）	工匠精神	修剪不认真，吃苦耐劳不够，酌情扣 1 ~ 5 分	5	
	纪律出勤	无故缺席扣 5 分，迟到早退每次扣 1 分，其他违纪情况酌情扣 1 ~ 5 分	5	
	"三农"意识	损坏果树、庄稼扣 2 ~ 5 分，文明用语不当扣 2 分	5	
	劳动意识	修剪现场清理不到位扣 2 分，劳动任务完成不好扣 3 分	5	
	团结协作	无合作探究氛围，不互助互学，不合作解决问题，各扣 1 分	5	
	环保意识	乱丢乱扔垃圾扣 2 分，修剪中损坏果树枝叶或不节约绑缚带等材料酌情扣 1 ~ 5 分	10	
反思 （10分）	作业总结	作业不认真、不规范，格式不符合要求，书面不整洁，不按时完成各扣 2 分；不及时完成问题处理与反思总结扣 5 分	10	
合计			100	
评价人员签字	1. 任课教师： 2. 实习指导教师： 3. 专业带头人： 4. 园区（企业或行业）技术员：			

任务二　掌握红肉猕猴桃的整形技术

任务目标

知识目标

1. 了解红肉猕猴桃主要树形；

2. 了解红肉猕猴桃不同树形的优点；

3. 掌握红肉猕猴桃大棚架培育方法。

能力目标

具有红肉猕猴桃大棚架的整形与修剪的能力。

思政目标

1. 培养学生热爱家乡的情怀，树立振兴猕猴桃产业的志向；
2. 培养学生热爱"三农"的情怀，树立服务"三农"的责任感；
3. 培养学生安全生产、吃苦耐劳、精益求精的工匠精神；
4. 培养学生降碳环保的生产习惯，树立"绿水青山就是金山银山"的理念；
5. 培养学生团结协作、互帮互助的协作意识。

任 务 准 备

知识要点

红肉猕猴桃是多年生藤蔓果树，经济寿命可以超过 50 年。良好的树形可以构建良好的树冠结构，是实现高产、优质、丰产、稳产的基本保证。整形可以使猕猴桃形成良好的骨架，使枝蔓在架面上合理分布，能充分利用空间和光能，同时便于田间作业，降低生产成本；调整地下部与地上部、生长与结果的关系，调节营养生产与分配，尽可能地发挥猕猴桃的生产能力，实现优质、丰产、稳产，延长结果年限。整形的优劣直接影响到以后多年的生长结果，从建园开始就应按照标准进行整形，否则，成年后再对不规范的树形进行改造就比较费事。猕猴桃本身不能直立生长，需要搭架支撑才能正常生长结果；红肉猕猴桃每 667 m² 的结果量可以超过 2 000 kg，加上生长季节枝叶的重量，如果遇上大风，会产生很强的摆动量。因此，使用的架材一定要结实耐用。目前红肉猕猴桃生产上推行的新型整形方式，将全树的枝蔓分为 4 个级次，即主干、主蔓、结果母枝蔓和结果枝蔓。主干、主蔓基本固定，结果母枝蔓和结果枝蔓每年更新。架型以大棚架为主、"T"形架为辅，特殊情况下采用篱壁架式。

1. 大棚架

大棚架支柱最常用的是钢筋水泥柱，长 260 cm 左右，粗 10 ~ 12 cm；横梁常用三角铁或 6 号钢筋；架线一般用塑料包裹的钢铰线（图 5-2-1）。在支柱上纵横交错地架设横梁或拉上钢铰线，形如搭遮阴棚的骨架，故称棚架。该架型适用于平地果园、大型梯地或庭院栽培猕猴桃。棚架支柱总高 260 cm，埋入土中 60 cm，地上部分 200 cm，支柱间距 3 m×4 m。每块地四周支柱顶部最好用三角铁或钢筋架设，以利于钢铰线拉紧。两支柱间沿植株栽植方向每隔 50 cm 左右拉一根塑料钢铰线，并形成五线。

图 5-2-1　大棚架

大棚架全树只有一个主干，高 1.7 m 左右，垂直于种植面生长，主干越直越有利于营养运输。主蔓有两个，沿株距朝相反方向平行生长，在株行距 2 m×3 m 的园地里，主蔓长 1～1.1 m，与另外一株树主蔓相交不超过 10 cm，主蔓在主干上的着生点距主线垂直距离 30～40 cm，与种植面成斜向上水平生长，主蔓与主干延长线呈 60°～70° 夹角。两侧主蔓上各着生 4 个结果母枝蔓，每个结果母枝蔓一般长 1.5 m 左右，要求两侧第一结果母蔓距离主干延长线与架面交叉处 10 cm，即左侧第一结果母枝蔓与右侧第一结果母枝蔓间距为 20 cm。在主蔓上最多共着生 8 个结果母枝蔓，每侧最多各着生 4 个结果母枝蔓，结果母枝蔓均着生在主蔓的两边，不选择背上和背下枝蔓进行培养，同一主蔓上相邻结果母枝蔓的间距为 30～50 cm，且方向相反。结果枝蔓的选留根据结果母枝蔓的健壮程度进行选择，以产定结果枝蔓总量，一般每个结果母枝蔓上留 2～3 个结果枝蔓（图 5-2-2）。

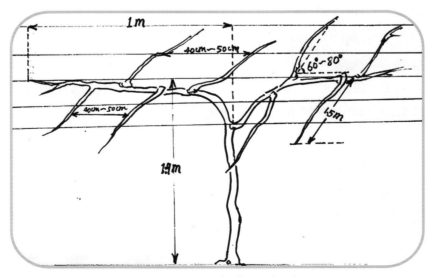

图 5-2-2　大棚架示意图

2.T 形架

T 形架是在一根支柱的顶端加一横梁，整个架形像英文字母中 T 字，故而得名（图 5-2-3）。T 形架的支柱高为 240 cm，埋入土中 60 cm，地面上高 180 cm，横梁长 150 cm。支柱通常采用水泥柱，以直径 10 ~ 12 cm 为宜。园地四周的支柱应加长和加粗，便于整形架的固定。横梁多用水泥杆，宽 10 cm，厚 10 cm，也可用三角铁、圆木和方木。横梁与支柱的结合一定要牢固。支柱与支柱之间的距离为 4 ~ 6 m，其距离的远近取决于株距、支柱和拉丝的质量。树行两端支架的固定对整形架的固定起关键作用，常用内撑式和外拉式。支柱埋设固定后，即可牵引横梁上的拉丝。牵引拉丝时，应尽量保护拉丝表面的保护层，以延长使用寿命，拉丝尽量拉紧拉平。T 形架对空间的利用率高，有效面积大，又便于管理，在生产上应用较理想。但耗材较多、投资较大。

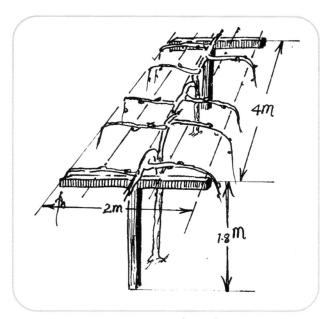

图 5-2-3　T 形架搭架图示

T 形架只有一个主干，高 1.7 m 左右，垂直于种植面生长，主干越直越有利于营养运输；主枝蔓有两个，沿株距朝相反方向平行生长，在株行距 2 m × 3 m 的园地里，主枝蔓长 1 ~ 1.10 m，与另外一株树主枝蔓相交不超过 10 cm，主枝蔓在主干上的着生点距离架面垂直距离为 30 ~ 40 cm，与种植面成斜向上水平生长，主枝蔓与主干延长线呈 60° ~ 70° 夹角；两侧主枝蔓上各着生有 3 ~ 4 个结果母枝蔓，每个结果母枝蔓一般长 2 m 左右，最长结果母枝蔓距地面不能低于 50 cm，要求第一主蔓距离主干延长线垂直距离为 10 cm，即左侧第一结果母枝蔓距离右侧第一个结果母枝蔓之间垂直距离为 20 cm。一个主枝蔓上最多着生 4 个结果母枝蔓，结果母枝蔓均着生在主蔓的两边，不选择背上的和背下的枝蔓进行培养，同一主蔓上相邻结果母枝蔓之间的间距一般为 30 ~ 50 cm，

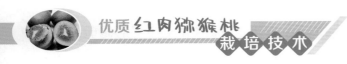
且方向相反；结果枝蔓的选留根据结果母枝蔓的健壮程度进行选择，以产定结果枝总量，一般每一结果母枝蔓上 2 ~ 3 个结果枝蔓（图 5-2-4）。

图 5-2-4　T 形架枝条分布

3. 篱壁架

篱壁架式也称扇形整形架，多为观赏园地用，一般以 3 层为宜（图 5-2-5）。每一层均有两个方向相反的主枝蔓，层与层之间由中心干连接，第一层与地面相距 80 cm 左右，第二层与第一层相距 50 cm 左右，第三层与第二层相距 50 cm 左右。每一层主枝蔓长 1 m 左右，主枝蔓上着生数目不等的结果母枝蔓，结果枝蔓的选留根据结果母枝蔓的健壮程度进行选择，以产定结果枝总量。

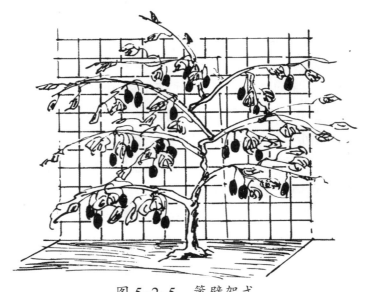

图 5-2-5　篱壁架式

➡ **工具准备**

修枝剪、绑扎带、竹竿

➡ **技能要点**

1. 红肉猕猴桃大棚架整形技术要点

（1）大棚架多为单干，幼苗定植于支柱中间，留 2 ~ 3 个饱满芽短截。

（2）萌发新梢以后，选几个健壮新梢，苗子主干上系一个尼龙绳，尼龙绳上边一头拴在上面钢丝上（或者旁边立一支 2 m 高竹竿），用于固定新梢，使其迅速向上生长。

（3）在棚架下 1.4 m 左右，对强壮新梢摘心，或将其先端拉平，促使新梢上部萌发 2 个枝蔓，作为永久性主蔓，主干主蔓的分支点，选择距离地面 1.4 ~ 1.6 m 的位置最合适。

（4）使 2 ~ 3 个主蔓分别从棚的中央引向左右两侧，并促其生长健壮，腋芽饱满。在永久性主蔓上，每隔 50 cm 左右，选留 1 个结果母蔓。

（5）在结果母蔓上，每隔 20 ~ 30 cm，选留 1 个结果枝，以后，再使结果枝转化为结果母枝。

（6）结果母枝和结果枝，一般每年都要更新 1 次，多余枝蔓及时疏除。

（7）土质和肥水条件较好时，可在主干或主蔓上，适当多选留几个生长健壮、着生位置适宜的枝蔓，作为结果母枝的预备枝，以备更新之用。

2. 红肉猕猴桃大棚架冬季修剪要点

（1）采用少枝多芽技术修剪。

（2）结果母枝选留。尽量选用距离主蔓较近的枝条，选择生长健壮、充实的发育枝和结果枝作下一年结果母枝，不要选择徒长枝作结果母枝。

（3）留枝量、留芽量。单株留枝量应根据树龄、树势、株行距、土肥条件及管理水平决定，一般每平方米选留 1.5 ~ 2 个结果母枝，每株树选留 8 个结果母枝，每枝剪留 15 ~ 18 芽。

（4）以长梢修剪为主，采用少留枝多留芽、轻剪长放的修剪原则。

（5）培养预备枝。未留足结果母枝的，如果着生位置靠近主蔓，剪留 2 ~ 3 芽为下年培养更新枝，其他枝条全部疏除，同时剪除病虫枝、细弱枝等。

➡ **任务安排**

以学习小组在红肉猕猴桃果园开展分组实训。

任务要求

1. **实训准备** 学生通过网络和学校信息化教学平台学习大棚架整形修剪方法；指导教师联系好校外实训基地。

2. **实训活动** 在教师和校外指导教师指导下，开展整形修剪实习，并了解红肉猕猴桃大棚架修剪内容主要有哪些？红肉猕猴桃整形修剪有什么目的意义？

3. **问题处理** 根据调查与生产实训，撰写不少于300字的红肉猕猴桃大棚架整形修剪实习总结。

思考与练习

1. 红肉猕猴桃大棚架如何整形？

2. 红肉猕猴桃大棚架冬季如何修剪？

考核评价

红肉猕猴桃大棚架整形与修剪实习

实习地点：

班级：_____　组别：_____　姓名：_____　成员：_____

考核项目		内容	分值	得分
技能操作（55分）	大棚架整形	整形枝蔓分布不合理，未及时摘心枝条，留枝量过多或过少，主蔓短切过长或过短，结果母蔓培养不好，每项酌情扣2～5分	25	
	大棚架冬季修剪	主蔓延长头处理不当，结果母蔓量过多或过少，结果母蔓短切过长或过短，枝蔓分布不均匀，未因树修剪，每项酌情扣2～5分	30	
	工匠精神	修剪不认真，吃苦耐劳不够，酌情扣1～5分	5	
	纪律出勤	无故缺席扣5分，迟到早退每次扣1分，其他违纪情况酌情扣1～5分	5	

续表

考核项目		内容	分值	得分
素质 （35 分）	"三农"意识	损坏果树、庄稼扣 2 ~ 5 分，文明用语不当扣 2 分	5	
	劳动意识	修剪现场清理不到位扣 2 分，劳动任务完成不好扣 3 分	5	
	团结协作	无合作探究氛围，不互助互学，不合作解决问题，各扣 1 分	5	
	环保意识	乱丢乱扔垃圾扣 2 分，调查中损坏果树枝叶或不节约绑缚带，每项酌情扣 2 ~ 5 分	10	
反思 （10 分）	作业总结	作业不认真、不规范，格式不符合要求，书面不整洁，不按时完成各扣 2 分；不及时完成问题处理与反思总结扣 5 分	10	
合计			100	
评价人员签字	1. 任课教师： 2. 实习指导教师： 3. 专业带头人： 4. 园区（企业或行业）技术员：			

 任务三　掌握红肉猕猴桃的修剪技术

知识目标

1. 了解红肉猕猴桃不同生长期的修剪特点；

2. 了解红肉猕猴桃不同发育期的修剪特点。

能力目标

1. 能熟练地进行红肉猕猴桃夏季修剪和冬季修剪；

2. 能熟练地进行红肉猕猴桃更新修剪。

思政目标

1. 培养学生热爱家乡的情怀，树立振兴猕猴桃产业的志向；

2. 培养学生热爱"三农"的情怀，树立服务"三农"的责任感；

3. 培养学生安全生产、吃苦耐劳、精益求精的工匠精神；

4. 培养学生降碳环保的生产习惯，树立"绿水青山就是金山银山"的环保理念；

5. 培养学生团结协作、互帮互助的协作意识。

知识要点

1. 不同生长期的修剪

红肉猕猴桃修剪分为冬季修剪（休眠期修剪）和夏季修剪（生长期修剪），一般以夏季修剪为主、冬季修剪为辅。

（1）冬季修剪

红肉猕猴桃修剪时期为自然落叶 3 d 后到第二年的 1 月底，以 12 月中下旬修剪最好。冬季冻害严重地区，一定要避开严重冻害期，冻害严重地区也可以带叶修剪。冬季修剪的主要任务是树体主枝蔓培养、结果母枝蔓更新、清除病虫和枯死枝蔓。

主枝蔓培养。主要是针对幼年树和初结果树。在生长季进行整形修剪的基础上，冬季修剪中根据架式和树体情况，利用健壮的发育枝蔓，采用拉、撑、绑缚等方法调整或补充主枝蔓。

结果母枝蔓更新。主要是针对进入盛果期和衰老期的树。红肉猕猴桃枝蔓柔软，结果后极易下垂而衰弱，因此，结果母枝蔓的更新，在整个结果期必须年年进行，尤其是"T"形架的结果母枝蔓的梢头下垂，更易出现下垂衰弱。在修剪中常常根据红肉猕猴桃潜伏芽的萌发势和生长势很强这一特点来更新结果母枝蔓。其方法有：一是抬高枝蔓角度，增强生长势；二是去弱留强，保留适当的结果母枝蔓；三是利用修剪培养母蔓座，并利用母蔓基座上发出的强旺枝蔓、徒长枝蔓替换衰弱、病虫及枯死枝蔓。

清除病、虫和枯死枝蔓。枝条过于密集，管理不善的果园，树冠内部通风透光不良，内部枝蔓容易枯死，结果枝蔓也易滋生病虫。冬季修剪时要注意清除病虫枝蔓、枯死枝蔓和衰弱枝蔓。

枝蔓修剪保留量标准。以来年产量确定枝蔓修剪的保留量。幼年期和初结果期的红肉猕猴桃树，留芽量要尽量大，一般只除去细弱枝蔓、多余的徒长枝蔓和病虫枝蔓，以快速形成树冠结构。盛果期及其以后的红肉猕猴桃，全树的留芽量以结果母枝蔓数量及其修剪长度来确定。以盛果期的红肉猕猴桃树为例：每 667 m² 果园预期产量为 1 500 kg，按照 2 m×3 m 株行距，每 667 m² 果园种植红肉猕猴桃 110 株（雄株不占正地），红肉猕猴桃单果重平均按 70 g 计算，按照标准大棚架式平均每株树结果母枝蔓为 8 个，每个结果母枝蔓上的有效芽萌发形成的单个结果枝蔓上着生果实数量平均为 3 个，平均每个结果母枝蔓上的留芽量为 8 个有效芽。公式为：每 667 m² 产量 ÷ 每 667 m² 株数 ÷ 单果重 ÷ 结果母枝蔓数 × 3 ＝ 平均每结果母枝的留芽量。

（2）夏季修剪

红肉猕猴桃夏季修剪时期为 4—8 月，因此次修剪相对集中于夏季，所以常常称为夏季修剪。每年 4—8 月，红肉猕猴桃枝蔓生长旺盛，夏季修剪目的是调节树体生长发育平衡状态，削弱树体营养生长势，降低蔓梢无效生长量，改善光照条件，增加整个树体，特别是叶幕层内的通风透光能力，增加光合产物积累，提高营养物质的利用效率，使树体快成形、速成花、早结果。修剪主要包括 4 个方面的内容：一是疏蕾、疏花、疏果，使树体合理负载；早期主要是疏除多余花蕾、侧花蕾（果农称为耳花）和病虫蕾，后期疏除畸形果、小果、多余果、病虫果。疏果后要及时进行套袋。二是采取抹芽、摘心等修剪措施调节树体营养枝蔓数量和树体有效营养叶面积，使全树叶果比达到理想的 6∶1 或 8∶1。三是采取拉引枝蔓、绑缚枝蔓、短截当年生枝蔓等措施，根据不同树型的要求合理配置各级骨干枝蔓。四是采取长放和牵引技术措施，培养来年结果母枝蔓。

2. 不同发育期的修剪

红肉猕猴桃一生有 4 个不同生长发育时期，分别为幼龄期、初果期、盛果期和衰老期。幼龄期为 1 ~ 2 年，初果期 2 ~ 3 年，盛果期从第 6 年开始可以长达 20 ~ 25 年，衰老期有 5 ~ 10 年。各个时期的长短，受人为管理因素的影响很大，果园管理水平的高低，能对其有 2 ~ 3 年的影响力；特别是盛果期的长短，受人为管理因素的影响非常大，管理水平的高低直接决定了结果的多少、果实品质的优劣和红肉猕猴桃树体的寿命。因此，在加强肥水管理的基础上，必须按照红肉猕猴桃的品种特性和不同树龄的生长发育特点，运用不同的整形修剪技术措施。

（1）幼龄期整形修剪

红肉猕猴桃幼龄期泛指从嫁接苗定植到结果前的时段，一般为 1 ~ 2 年。本阶段的整形修剪宗旨是培养合理树体骨架，促使幼树尽快有序地扩大树冠面积，形成良好的树体结构，实现叶幕层全覆盖，为后期产量迅速递增打好基础。

幼龄期树整形修剪的任务主要是：培育强壮主干、主枝蔓和健壮的结果母枝蔓作树体骨架。红肉猕猴桃栽植后一般留 2 ~ 3 芽短截，主干粗壮的可以留长短截。萌芽后向上牵引生长，通过摘心扶壮，尽快形成主干、主枝蔓。大棚架冬季修剪时，在主枝蔓与另一株红肉猕猴桃的主枝蔓交替处（株距中心）延长 5 cm 留背上芽短截，以抬高主蔓生长势，主枝蔓上发生的侧枝蔓多从饱满芽处短截。如果主蔓长度不够、太细，则在健壮处短截。夏季修剪多从侧枝蔓上的饱满芽处重摘心打顶，使树体多萌生健壮枝蔓，供构建两级骨架枝蔓时选择。枝蔓生长量不足的树，进行刻伤促发枝蔓；枝蔓生长过多时，进行疏除处理。重点选择主蔓上侧芽萌发的且生长健壮、着生位置左右分布均匀合理的健壮枝蔓，在其生长后期绑缚拉平培养成结果母枝蔓。培养主蔓时，要避免选择对生枝蔓，对生枝蔓容易形成卡脖子现象，导致其结果母枝蔓生长变得很衰弱，从而影响果品质量。同一主枝蔓上相邻结果母枝蔓方向相反，间距 30 ~ 50 cm（一个主枝蔓上有四个结果母枝蔓则间隔 30 cm，数量减少，间隔加大）。

（2）初果期树的整形修剪

红肉猕猴桃初结果树是指红肉猕猴桃树从开始结果到大量结果前这一时期。一般为幼龄期后的 2 ~ 3 年，即红肉猕猴桃嫁接苗定植后的第 3 ~ 4 年。

这个时期的整形修剪任务是：持续扩大树冠，完善树体主侧蔓骨架建造，运用重短截、基部刻芽等技术措施，诱发健壮枝蔓，着力培养结果母枝蔓。初果期的最后一年达到树冠基本形成，由于这时结果还较少，树体负荷轻，树势仍偏旺，一定要在本期强壮树势。在继续培养结果母枝蔓的同时，对骨架枝蔓以外的健壮枝蔓，以缓放和轻短切为主，保持健壮营养生长的同时促进花芽大量形成，达到营养生长与生殖生长有机平衡，稳定树势，为尽早进入盛果期并达到盛果期高产优质奠定必要基础。

（3）盛果期树的整形修剪

红肉猕猴桃嫁接苗木定植后的第 5 ~ 6 年进入盛果期，本期是指红肉猕猴桃从大量结果到产量开始出现明显下降的时期，此阶段也是红肉猕猴桃果园的主要经济收益期，业界称之为果园的鼎盛时期。在一般正常管理水平下，红肉猕猴桃的盛果期为 20 ~ 25 年。

盛果期红肉猕猴桃整形修剪任务是：保持树体骨架结构良好状态，始终保持营养生长和生殖生长趋于平衡，使营养生长水平持续保持，树体负荷量逐年平稳增加，始终控制产量于合理水平，保持健壮的树势，维持较强的持续结果能力，延长其经济寿命。

整形修剪的具体做法是：前期适当缓放健壮枝蔓，促进成花，以负荷控制和保持树势；中期短截、疏剪、缓放结合运用，均衡维持树体生长势，使生长与结果状态保持稳定；后期则采用重短截等技术手段促进营养生长，延缓和防止树体过早衰弱。本阶段要强化夏季修剪技术手段运用，综合运用抹芽、摘心、疏除过密枝蔓等措施合理留枝、留果，保持叶幕层厚度，整个树体透光量占树体投影的 20% 左右。雄树在花后修剪，此期修剪量宜重，刺激萌发新生枝蔓，强壮树势和花芽，使花药、花粉的活性增强。

（4）衰老期树的整形修剪

红肉猕猴桃树进入衰老期后，树势会明显快速衰弱，此期花量大，枝蔓生长势弱，树体抽生中、长枝蔓的能力不强，果实产量和单果重量下降从而影响品质。该期若重点加强肥水管理和病虫防治，以及修剪方面注意更新树势，尚有 5 ~ 10 年的收成。若管理不善，则整个果园会很快失去经济效益。

该期整形修剪的任务是：去弱留强，扶壮枝蔓，控制花量，大力更新，全面复壮。

修剪的具体做法是：充分利用红肉猕猴桃潜伏芽，在冬剪时，回缩结果母枝蔓，促使基部隐芽萌发新枝蔓，培养新的结果母枝蔓和培养新的强健的营养枝蔓。

训练任务

➲ 工具材料

1. **工具准备**　准备好修枝剪、绑扎绳、手锯。
2. **场地准备**　联系好校外产教融合基地。

➲ 技能要点

红肉猕猴桃冬季修剪技术要点。

1. 修剪时间

一般日平均温度在 0 ~ 5 ℃是较理想的修剪时间，冻害严重，溃疡病严重，则还可以带叶修剪。

在溃疡病高发区雄树冬季不剪，待到来年花后再剪，既有利于花量保证，又可以防溃疡病侵染树体。

2. 疏除秋梢

秋梢萌发较迟，木质化程度较差，组织不成熟，从溃疡病多年侵染的规律来看，这也是溃疡病危害的主要枝条之一，一般要尽量疏除。

3. 疏除虚旺枝

虚旺枝是指直立的基部粗度大于 1.5 cm，且处于内膛部或主蔓上的，由潜伏芽萌发的芽间距较大、芽子较瘪的徒长枝或徒长性结果枝。

虚旺枝是树冠上萌芽率最低、花芽质量最差、坐果率最低的枝条，是冬剪重点要疏除的枝类，绝不可因这类枝条虚旺的外相而迷惑。

4. 疏除已结果老弱枝

红肉猕猴桃是新枝结果，凡已经结果的枝，尤其是结果的弱枝，一般要疏除。

5. 轻短截强旺枝

对于枝位较好的强旺枝，注意在变细变弯处短截，即轻短截。一般大棚架每株树留 8 ~ 12 枝，空间大的可留 20 枝。

6. 留桩修剪

在疏除的枝条基部留 1 ~ 1.5 cm 桩口，不但有利于伤口愈合，更重要的是如果疏除

的枝条在主蔓或内膛，有利于来年在桩口萌发新枝，避免主蔓或内膛空虚。

7. 短截枝蔓粗度

红肉猕猴桃枝条短截时，剪口直径一般以 0.6 cm 及以上为宜。

8. 剪具消毒

为了预防溃疡病侵染，修剪工具等在剪前、剪中、剪后要进行消毒。一般用 75% 酒精喷洒和浸泡，也可使用其他专用杀菌消毒液进行工具消毒。

9. 剪口保护

对剪口比较大的伤口用伤口保护剂及时进行涂抹封口，有利于伤口愈合，有利于防控病害浸染。

10. 枝叶处理

有条件的可以把修剪下来的枝条集中粉碎进行腐熟，然后当有机肥使用。如病虫害严重，则集中烧毁。

➲ **任务安排**

1. 学生以学习小组分组进行红肉猕猴桃冬季修剪和夏季修剪；

2. 实习指导教师联系好校外产教融合型基地。

➲ **任务要求**

1. **实训准备**　学生提前进行红肉猕猴桃夏剪、冬剪内容学习，尤其注意在网络平台资源库中认真学习相关视频。

2. **实训活动**　学生在校内基地、校外基地进行红肉猕猴桃夏季修剪与冬季修剪实习，并完成实习总结撰写。

3. **问题处理**　用 500 字以上总结红肉猕猴桃夏季修剪、冬季修剪的主要内容，并总结从果农处学到的操作技术要点。

思考与练习

1. 红肉猕猴桃初果期树如何修剪？

2. 红肉猕猴桃盛果期树如何修剪。

考 核 评 价

红肉猕猴桃冬季修剪实习

实习地点：

班级：_____ 组别：_____ 姓名：_____ 成员：_____

考核项目		内容	分值	得分
技能操作（55分）	修剪时间	红肉猕猴桃修剪时间把握不好，没有根据气候进行调整，酌情扣2～5分	5	
	秋梢	没有将秋梢完全疏除，酌情扣2～5分	5	
	虚旺枝	对无空间的直立徒长枝蔓未疏除，对有空间的徒长枝蔓未处理或处理不当，每项酌情扣1～2分	10	
	结果老弱枝	当有足够新枝时，未完全疏除已结果老弱枝，酌情扣1～2分；当新枝不够时，未短切已结果老弱枝，酌情扣1～2分	10	
	强旺枝	无空间时未疏除强旺枝，有空间时未短切强旺枝，每项酌情扣2～5分	10	
	剪具消毒	换园时，未对修剪工具及时、彻底消毒，扣5分	5	
	伤口保护	对大枝蔓剪口未完全用保护剂保护，酌情扣2～5分	5	
	枝叶处理	未将修剪下来的病枝叶进行有效处理，或处理不完整，酌情扣2～5分	5	

考核项目		内容	分值	得分
素质 （35分）	工匠精神	修剪不认真，吃苦耐劳不够，酌情扣1～5分	5	
	纪律出勤	无故缺席扣5分，迟到早退每次扣1分，其他违纪情况酌情扣1～5分	5	
	"三农"意识	损坏果树、庄稼扣2～5分，文明用语不当扣2分	5	
	劳动意识	修剪现场清理不到位扣2分，劳动任务完成不好扣3分	5	
	团结协作	无合作探究氛围，不互助互学，不合作解决问题，各扣1分	5	
	环保意识	乱丢乱扔垃圾扣2分，修剪中损坏果树枝叶或不节约材料酌情扣1～5分	10	
反思 （10分）	作业总结	作业不认真、不规范，格式不符合要求，书面不整洁，不按时完成各扣2分；不及时完成问题处理与反思总结扣5分	10	
合计			100	
评价人员签字		1.任课教师： 2.实习指导教师： 3.专业带头人： 4.园区（企业或行业）技术员：		

情境 6　掌握红肉猕猴桃的花果管理技术

情 境 目 标

‖ 知识目标 ‖

1. 掌握红肉猕猴桃疏花、疏蕾知识；

2. 掌握红肉猕猴桃的人工辅助授粉知识；

3. 掌握红肉猕猴桃幼果套袋知识。

‖ 能力目标 ‖

具有熟练进行红肉猕猴桃疏花疏果、人工辅助授粉、疏果与套袋的能力。

‖ 思政目标 ‖

1. 帮助学生树立热爱农业、热爱家乡的情怀和服务"三农"的责任感，树立振兴我国猕猴桃产业的志向；

2. 帮助学生养成减少化肥、农药施用的生产习惯，树立"绿水青山就是金山银山"的理念；

3. 培养学生吃苦耐劳、精益求精的工匠精神；

4. 培养学生团结协作、互帮互助的协作意识。

 任务一　掌握红肉猕猴桃的疏蕾疏花技术

○ 知识目标

1. 了解红肉猕猴桃疏蕾、疏花的意义；

2. 掌握红肉猕猴桃疏蕾、疏花的方法。

127

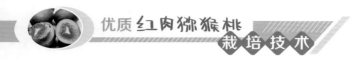

能力目标

能熟练地对红肉猕猴桃进行疏蕾、疏花。

思政目标

1. 培养学生热爱家乡的情怀，树立振兴猕猴桃产业的志向；

2. 培养学生热爱"三农"的情怀，树立服务"三农"的责任感；

3. 培养学生安全生产、吃苦耐劳、精益求精的工匠精神；

4. 培养学生降碳环保的生产习惯，树立"绿水青山就是金山银山"的环保理念；

5. 培养学生团结协作、互帮互助的协作意识。

任务准备

知识要点

红肉猕猴桃头年春天抽发枝蔓和当年初夏抽发枝蔓上的芽大部分能形成花芽，尤以春天抽发枝蔓中部芽萌发抽生的花序着生的果实个大质优，蔓梢先端次之，基部最差，基部前 5 节以内的顶花与侧花在低温下分化时容易出现质量下降，从而产生畸形果。红肉猕猴桃花芽为复花芽，即在中心主芽的两侧各有 1 个或 1 对副芽（也称耳花）。疏花蕾（图 6-1-1）时，要注意保留结果枝蔓的结果部位中部的中心蕾，副花蕾坚决疏除，对于同一个花序尽量保留中部果。

图 6-1-1　疏蕾

疏蕾一般在花蕾长至豌豆大时开始，一是疏除无叶花蕾；二是疏除枝背上直立生长的蕾；三是疏除边蕾；四是疏除病虫蕾、畸形蕾。最终达到：一根结果枝上保留 4 ~ 7 朵蕾，即强壮的长果枝留 5 ~ 6 个花蕾、中庸的结果枝留 3 ~ 4 个花蕾、短果枝留 1 ~ 2 个花蕾。

训练任务

➡ **工具准备**

准备好修枝剪、竹篮、75%消毒酒精。

➡ **技术要点**

红肉猕猴桃疏蕾、疏花技术要点：

1. 用酒精对手进行全面消毒；

2. 疏蕾时间通常在 4 月中旬侧花蕾分离后 2 周左右开始，一般为豌豆大时；

3. 先按照结果母枝上每侧间隔 20 ～ 25 cm 留一个结果枝的原则，将结果母枝上过密的、生长较弱的结果枝疏除，保留强壮的结果枝；

4. 将保留结果枝上的侧花蕾、畸形蕾、病虫危害蕾全部疏除；

5. 强壮的长果枝留 5 ～ 6 个花蕾，中庸的结果枝留 3 ～ 4 个花蕾，短果枝留 1 ～ 2 个花蕾；

6. 疏除最基部的花蕾，因其容易产生畸形果，尽量保留中部的花蕾；

7. 疏除较小的花蕾，尽量留大花蕾；

8. 疏蕾效果优于疏花，疏花不如疏蕾。

➡ **任务安排**

1. 学生以学习小组开展实训活动。

2. 教师提前联系好校外产教融合型基地。

➡ **任务要求**

1. **实训活动**　每个学生完成一株树的疏蕾后，以小组进行检查、研讨，小组长将研讨情况在全班进行交流。

2. **问题处理**　活动结束后，每个学生用不少于 200 字的篇幅写出各自的疏蕾、疏花实践过程。

思考与练习

红肉猕猴桃为什么要进行疏蕾、疏花工作？

考核评价

红肉猕猴桃大棚架整形与修剪实习

实习地点：

班级：_____ 组别：_____ 姓名：_____ 成员：_____

考核项目		内容	分值	得分
技能操作（55分）	消毒	未对手和工具进行全面彻底消毒，酌情扣2~5分	5	
	时间	疏蕾时间把握不及时，过早或过迟，酌情扣2~5分	5	
	疏蕾	病虫蕾、畸形蕾未完全疏除，留蕾过多或过少，留蕾不均匀，每项酌情扣2~5分	40	
	疏除的花蕾处理	疏除的花蕾未及时处理，随处乱丢，酌情扣2~5分	5	
素质（35分）	工匠精神	工作不认真，吃苦耐劳不够，酌情扣1~5分	5	
	纪律出勤	无故缺席扣5分，迟到早退每次扣1分，其他违纪情况酌情扣1~5分	5	
	"三农"意识	损坏果树、庄稼扣2~5分，文明用语不当扣2分	5	
	劳动意识	工作现场清理不到位扣2分，劳动任务完成不好扣3分	5	
	团结协作	无合作探究氛围，不互助互学，不合作解决问题，各扣1分	5	
	环保意识	乱丢乱扔垃圾扣2分，工作中损坏果树枝叶或不节约材料酌情扣1~5分	10	
反思（10分）	作业总结	作业不认真、不规范，格式不符合要求，书面不整洁，不按时完成各扣2分；不及时完成问题处理与反思总结扣5分	10	
合计			100	
评价人员签字	1. 任课教师： 2. 实习指导教师： 3. 专业带头人： 4. 园区（企业或行业）技术员：			

任务二　掌握红肉猕猴桃的人工辅助授粉技术

任务目标

⊃ **知识目标**

1. 掌握红肉猕猴桃人工辅助授粉方法；

2. 了解红肉猕猴桃花期喷硼的作用。

⊃ **能力目标**

能熟练进行红肉猕猴桃花粉采集和人工辅助授粉。

⊃ **思政目标**

1. 培养学生热爱家乡的情怀，树立振兴猕猴桃产业的志向；

2. 培养学生热爱"三农"的情怀，树立服务"三农"的责任感；

3. 培养学生安全生产、吃苦耐劳、精益求精的工匠精神；

4. 培养学生降碳环保的生产习惯，树立"绿水青山就是金山银山"的环保理念；

5. 培养学生团结协作、互帮互助的协作意识。

任务准备

⊃ **知识要点**

1. 授粉品种选择

目前，红肉猕猴桃尚无专门授粉品种，生产上常选用花期与红肉猕猴桃相遇的中华猕猴桃的雄株授粉。不同授粉品种对于红肉猕猴桃的果型和品质有不同影响，以川猕3号雄株为授粉树花期最接近、果实品质最好。

2. 授粉方式

红肉猕猴桃的授粉方式分为自然授粉与人工辅助授粉。

（1）自然授粉

自然授粉的红肉猕猴桃果园需要按雌雄比4∶1配置授粉树，要求雌雄花期相遇，最好雄花早开1～2 d，雄花开放后能自然给雌花授粉，无须人工操作就能达到有效坐果。

（2）人工授粉

主要是针对授粉树配置过少，自然授粉不能达到有效结果而采取的一种辅助授粉

方式。

采集雄花：早上露水干后至下午 2 点左右采摘含苞待放的"铃铛花"，将采摘的雄花装入干净的膜袋中。

取花药：将采摘的雄花放在白纸上，用牙刷刷下花药，再用竹签挑去花药中的花丝、花瓣及杂物（图 6-2-1）。

图 6-2-1　取花药

暴粉：暴粉方法很多，主要有三种。一是利用人身体温暴粉：将在阴天或下午收集的少量花药，用白纸包成小包，揣入贴身衣服口袋，通过一夜暴粉，第二天上午即可使用。二是利用灯光加温暴粉：将在阴天或下午收集的大量花药，以盆或胶桶作暴粉容器，在桶内挂放 40 W 电灯泡，桶上面放垫板，垫板上放白纸，白纸上放花药，花药中放温度计，温度掌握在 22 ~ 25 ℃，至花粉暴出为止。三是利用阳光加热暴粉：将花药放在白纸上，再用白纸盖在花药上面，防止风吹直晒，在阳光下晒 3 ~ 5 h，将粉暴出即可。

授粉：授粉时间为早上 8 点至下午 4 点，授粉次数在初花期、盛花期、末花期各授 1 次。

授粉方法：一是干粉点授（图6-2-2），是在空气湿度大、阴天情况下，将花粉装入玻璃瓶，进行人工点授，蘸一次粉授 3 ~ 5 朵花。二是稀释点授，一般是在空气干

图 6-2-2　人工点授

燥，阳光充足时采用，稀释液配兑比例为 1 份花粉、1 份硼酸、10 份蔗糖、1 000 份纯净水。配兑方法是：先将花粉装入量筒中，放入蔗糖；再掺入纯净水，进行搅拌，成为花粉悬浊液，将悬浊液装入玻璃瓶，进行人工点授；最后是喷授：将稀释悬浊液装入小型喷雾器，对着花柱进行喷授。

采用稀释点授和液体喷授，在整个授粉过程中均应保持液体温度在 25 ~ 28 ℃，才能达到理想效果，否则，影响坐果率和果实品质。

3. 花期喷硼

无论是自然授粉还是人工辅助授粉的红肉猕猴桃果园，在花期用 0.3% 的硼酸或硼砂，加 0.3% 的蔗糖进行喷雾，均能促使授粉受精良好，提高坐果率。

训练任务

➡ 工具材料准备

1. 工具准备　准备好白纸、授粉笔、喷雾器等工具。
2. 场地准备　联系好花粉基地，准确掌握采花蕾时间。

➡ 技术要点

1. 花蕾采集与暴粉技术要点

（1）采花蕾时间

早上露水干后至下午 2 点左右采摘含苞待放的"铃铛花"，将采摘的雄花装入干净的塑料袋中。

（2）取花药

将采摘的雄花放在白纸上，用牙刷刷下花药，再用竹签挑去花药中的花丝、花瓣及杂物。

（3）暴粉

花粉量少时利用人身体温暴粉；量多时采用灯光加温暴粉和阳光加热暴粉。注意花粉暴出即可，不能暴晒时间过长。

（4）花粉保存时间

猕猴桃花粉在常温下可保存 18 ~ 36 h，在 6 ℃ 的冷藏室可以保存 7 d 左右，要即暴即用，尽量减少贮藏时间。

2. 人工授粉技术要点

（1）花对花授粉

把开放的雄花花药直接对在雌花柱头上进行授粉。速度慢工效低，适宜小面积进行。

（2）羽毛笔人工点授法

将花粉放入敞口杯子中，用几根鸡毛绒或鸭绒绑到一根竹签上，用鸡毛或毛笔轻轻弹撒在雌花柱头上，每蘸一下花粉点授 8 朵雌花。点授时要注意转动羽毛笔，保证授粉充分。

➡ 任务安排

学生以学习小组开展实习。

➡ 任务要求

1. **实训准备** 学生提前通过网络和学校学习平台，学习红肉猕猴桃授粉知识；实习指导教师注意联系好校外产教融合基地，确保授粉及时。

2. **实训活动** 学生以小组开展花粉暴粉训练和授粉训练，然后以小组进行研讨与总结，小组长在班级进行交流与研讨。

3. **问题处理** 活动结束后，分小组研讨如何保证暴粉质量，如何提高授粉质量？

红肉猕猴桃人工辅助授粉的目的是什么？

红肉猕猴桃授粉实习

实习地点：

班级：＿＿＿＿＿＿   组别：＿＿＿＿＿＿   姓名：＿＿＿＿＿＿   成员：＿＿＿＿＿＿

考核项目		内容	分值	得分
技能操作（55分）	采花蕾	采花蕾时间把握不准确，采的不是"铃铛花"，或露水未干，酌情扣 2～5 分	5	
	取花药	取花药动作不熟练，花药未取完全，或花药浪费，酌情扣 2～5 分	5	
	暴粉	暴粉温度控制不好，暴粉时间掌握不准确，每项酌情扣 2～5 分	10	

考核项目		内容	分值	得分
	消毒	授粉前未对手及工具消毒或消毒不彻底，酌情扣2～5分	10	
	授粉	授粉不完全，有的授粉多，有的授粉少，或浪费花粉，每项酌情扣5～10分	25	
素质（35分）	工匠精神	工作不认真，吃苦耐劳不够，酌情扣1～5分	5	
	纪律出勤	无故缺席扣5分，迟到早退每次扣1分，其他违纪情况酌情扣1～5分	5	
	"三农"意识	损坏果树、庄稼扣2～5分，文明用语不当扣2分	5	
	劳动意识	工作现场清理不到位扣2分，劳动任务完成不好扣3分	5	
	团结协作	无合作探究氛围，不互助互学，不合作解决问题，各扣1分	5	
	环保意识	乱丢乱扔垃圾扣2分，工作中损坏果树枝叶或不节约材料酌情扣1～5分	10	
反思（10分）	作业总结	作业不认真、不规范，格式不符合要求，书面不整洁，不按时完成各扣2分；不及时完成问题处理与反思总结扣5分	10	
合计			100	
评价人员签字		1. 任课教师： 2. 实习指导教师： 3. 专业带头人： 4. 园区（企业或行业）技术员：		

 任务三　掌握红肉猕猴桃的疏果与套袋技术

知识目标

1. 掌握红肉猕猴桃疏果知识与技术；

2. 掌握红肉猕猴桃幼果套袋知识与技术。

➡ **能力目标**

　　能熟练进行红肉猕猴桃疏果与套袋。

➡ **思政目标**

　　1. 培养学生热爱家乡的情怀，树立振兴猕猴桃产业的志向；

　　2. 培养学生热爱"三农"的情怀，树立服务"三农"的责任感；

　　3. 培养学生安全生产、吃苦耐劳、精益求精的工匠精神；

　　4. 培养学生降碳环保的生产习惯，树立"绿水青山就是金山银山"的环保理念；

　　5. 培养学生团结协作、互帮互助的协作意识。

任 务 准 备

➡ **知识要点**

　　1. 疏果

　　（1）疏果时间

　　疏果（图6-3-1）时间分为两次，一是在谢花后10 d左右，二是在套袋时进行。

　　（2）疏果方法及疏除对象

　　一是疏除少叶或无叶果枝，无叶或少叶果枝因无就近叶片制造养分供应果实，因而果实生长发育不良，应疏除。二是结合绿枝修剪疏除果枝上的多余果。三是疏除多余果枝上的全部果，促使生殖生长与营养生长平衡，让一部分枝结果，一部分枝进行营养生长，为来年培养出更多的健壮结果母枝。四是疏除小果、畸

图6-3-1　疏果

形、病果、虫果。疏果后留果量标准：一个结果母枝上有4～5根结果枝，一个结果枝上保留2～4个果，即强枝上保留4个果、中庸枝上保留3个果、弱枝上保留2个果，最终达到全树叶果比（6～8）:1的合理留果量。

2. 套袋

（1）套袋作用

红肉猕猴桃幼果果皮光而薄嫩、无毛，在生长发育期间风吹时枝叶、铁丝、果相互摩擦碰撞会形成伤疤，也容易遭受病虫危害，尤其是苹小卷叶蛾幼虫的危害可以导致70%的伤疤果。为此，套袋能防病、防虫、防日灼，避免各类伤疤形成，减少农药残留，生产无公害猕猴桃，提高标准果率。经套袋后的果实果皮色泽光亮，呈绿黄色，无任何瘢痕。

（2）果袋选用

单层黄色纸袋，大小规格为 165 cm×115 cm。袋底两角有透气孔和漏水扎，袋口一侧有自带拴带铁丝。

（3）套袋时间

以谢花后 15 ~ 20 d 为宜，必须在疏果后进行。套袋过早，果实未成形。套袋过晚一是不能避免苹小卷叶蛾幼虫上果危害；二是不能避免幼果因风吹导致瘢痕；三是过晚果皮色泽不能保证为绿黄色。

（4）套袋前喷药

套袋前为避免套入病、虫继续危害果实，失去套袋的作用，套前必须喷一次杀菌剂和杀虫剂。药剂选用毒死蜱加龙克菌。特别是果实表面的各个部位（包括萼洼处）都要均匀地喷上药液。喷药后待果面药水干后立即套袋，当天喷药当天套完，严禁喷药后隔天套袋。

（5）套袋方法

先将纸袋口浸湿三分之一，再将纸袋吹开，慢慢地将幼果放入纸袋，注意将果柄对准纸袋缺口处，将缺口交叉折叠严实，慢慢将封口铁丝缠绕在折叠口纸上，严禁捏伤、划伤果把和果实。红肉猕猴桃一经套袋均不得提前摘下，以保持果面不受污染和外观着色一致，实行带袋采摘，采后分级处理前取掉果袋。

训 练 任 务

➲ 工具材料

准备好猕猴桃专用果袋、75% 消毒酒精、修枝剪、喷雾器、杀虫杀菌剂。

➡ 技能要点

1. 猕猴桃疏果技术要点

（1）**疏果时间**　一般在盛花后 2 周左右开始，太早不易确定疏或留果对象，太迟又会浪费营养。

（2）**疏果方法**　首先疏去畸形果、扁平果、伤果、小果、病虫危害果，疏除少叶或无叶果枝，疏边果，留中果；保留大果、正形果。

（3）**留果量**　最后达到一个结果母枝上有 4 ~ 5 根结果枝，一个结果枝上保留 2 ~ 4 个果，即强枝上保留 4 个果、中庸枝上保留 3 个果、弱枝上保留 2 个果。最终达到全树叶果比（6 ~ 8）∶1 的合理留果量。

2. 红肉猕猴桃套袋技术要点

（1）**套袋时间**　以谢花后 15 ~ 20 d 为宜，必须在疏果后进行。

（2）**套袋前喷药**　套前必须喷一次杀菌剂和杀虫剂。药剂选用毒死蜱加龙克菌。特别是果实表面的各个部位（包括萼洼处）都要均匀地喷上药液。喷药后待果面药水干后立即套袋，当天喷药当天套完，严禁喷药后隔天套袋。

（3）**袋子处理**　套前先将纸袋口浸湿三分之一，或提前放在湿润处，以免袋口伤果；套袋时，将纸袋口吹开，慢慢地将幼果放入纸袋；注意将果柄对准纸袋缺口处，将缺口交叉折叠严实，慢慢将封口铁丝缠绕在折叠口纸上，严禁捏伤、划伤果把和果实。

➡ 任务安排

1. 学生以学习小组进行实训。
2. 实习指导教师联系好实训基地。

➡ 任务要求

1. **实训准备**　学生实训前认真学习相关知识，尤其注意通过网络平台学习红肉猕猴桃花果管理视频；实习指导教师联系好相关基地，保证疏果套袋及时。

2. **实训活动**　学生以学习小组分地块进行实训，2 人为一操作小组，小组工作完成后进行研讨总结，然后在班级进行研讨总结。

3. **问题处理**　活动结束后撰写实习总结，并研讨如何进行套袋操作。

思考与练习

如何进行红肉猕猴桃果实套袋？

考核评价

红肉猕猴桃疏果与套袋实习

实习地点：

班级：_____   组别：_____   姓名：_____   成员：_____

考核项目		内容	分值	得分
技能操作（55分）	时间	疏果时间把握不及时，过早或过迟，酌情扣2～5分	5	
	疏果方法	对畸形果、扁平果、伤果、小果、病虫危害果、少叶或无叶果疏除不彻底，未疏边果、留中果，未保留大果、正形果，每项酌情扣5～10分	20	
	留果量	未根据树势留果，留果过多或过少，留果不均匀，每项酌情扣2～5分	10	
	喷药	套前喷药不彻底、不全面，酌情扣2～5分	5	
	套袋	未将果实套完，套的方法错误或使果实受伤，袋口过紧或过松，每项酌情扣2～5分	15	
素质（35分）	工匠精神	工作不认真，吃苦耐劳不够，酌情扣1～5分	5	
	纪律出勤	无故缺席扣5分，迟到早退每次扣1分，其他违纪情况酌情扣1～5分	5	
	"三农"意识	损坏果树、庄稼扣2～5分，文明用语不当扣2分	5	
	劳动意识	工作现场清理不到位扣2分，劳动任务完成不好扣3分	5	

考核项目		内容	分值	得分
素质 （35分）	团结协作	无合作探究氛围，不互助互学，不合作解决问题，各扣1分	5	
	环保意识	乱丢乱扔垃圾扣2分，工作中损坏果树枝叶或不节约材料酌情扣1~5分	10	
反思 （10分）	作业总结	作业不认真、不规范，格式不符合要求，书面不整洁，不按时完成各扣2分；不及时完成问题处理与反思总结扣5分	10	
合计			100	
评价人员 签字	1. 任课教师： 2. 实习指导教师： 3. 专业带头人： 4. 园区（企业或行业）技术员：			

掌握红肉猕猴桃园农业物联网的搭建与应用

情境目标

‖ 知识目标 ‖

1. 初步认识农业物联网，了解农业物联网的概念、功能及架构；

2. 了解猕猴桃园物联网常用设备的功能；

3. 了解农业物联网云平台的主要功能。

‖ 能力目标 ‖

1. 能描述农业物联网各子系统的功能，能画出农业物联网的结构图；

2. 能识别猕猴桃园物联网常用传感器，能针对红肉猕猴桃生长环境要求正确选择传感器；

3. 能在农业物联网云平台中添加常用传感器，查看数据大屏，设置报警联动。

‖ 思政目标 ‖

1. 帮助学生树立热爱农业、热爱家乡的情怀和服务"三农"、振兴家乡的责任感，树立振兴我国猕猴桃产业的志向；

2. 帮助学生树立降碳环保、绿色发展、协调发展的环保意识；

3. 帮助学生培养吃苦耐劳、精益求精的工匠精神；

4. 引导学生树立大数据、人工智能意识，培养学生严谨的科学态度和团队协作能力。

 任务一 认识农业物联网

⊃ 知识目标

1. 了解农业物联网的概念及功能；

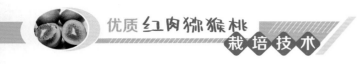

2. 了解农业物联网的架构。

➡ 能力目标

1. 能描述农业物联网各子系统的功能；

2. 能画出农业物联网的结构图。

➡ 思政目标

1. 引导学生树立人工智能的意识；

2. 引导学生树立科学精准种植的意识；

3. 培养学生热爱家乡的情怀，树立服务"三农"的责任感；

4. 引导学生树立节约材料、节约能源的环保意识；

5. 培养学生团结协作、互帮互助的协作意识。

➡ 知识要点

1. 农业物联网的概念

农业物联网就是物联网技术在农业生产、经营、管理和服务中的具体应用。就是运用各类传感器广泛地采集农业生产、农产品物流等农业相关信息，通过无线传感器网络、电信网和互联网传输数据，将获取的这些数据进行分析和处理，并通过智能化操作终端实现农业产前、产中、产后的过程监控、科学管理和即时服务，进而实现农业生产集约、高产、优质、高效、生态和安全的目标。

2. 农业物联网的主要功能

农业物联网主要有实时监测、远程控制、警告报警、安全追溯监管等功能。

（1）实时监测功能

传感器能全天候不间断地实时采集猕猴桃园环境内的温湿度、二氧化碳、光照、土壤水分和温度、风速风向等数据，当数据传输到智能云平台，云平台对所有监测点信息的获取、管理、动态显示和分析处理，以直观的图表和曲线的方式显示给用户。

（2）远程控制功能

管理人员通过移动终端或电脑登录，调控布置环境内的水阀、排风、遮阳避雨等设备的开关，或者直接设置自动调控，一旦环境参数达到预设值，则相应系统设备自行运转，进行自动灌溉、自动降温、自动卷膜、自动施肥、自动喷药等控制。

（3）警告报警功能

报警功能的启用需要提前设定下报警情况。当环境参数达到设定的阈值时，向管理人员立即发送警告信息。

（4）农产品安全追溯监管功能

基于物联网技术开发的追溯管理系统已经被广泛应用于农产品质量安全追溯，通过RFID技术、智能识别码等可实现农产品生产全过程追溯，保障生态环境安全、农资安全、农产品安全。

3. 农业物联网的架构

农业物联网架构可分为3层：感知层、传输层和应用层。

（1）感知层

感知层是物联网识别物体、采集信息的来源，采用各种传感器，如温湿度传感器、光照传感器、二氧化碳传感器、风向传感器、风速传感器、雨量传感器、土壤温湿度传感器等来获取植物的各类信息。

（2）传输层

传输层由无线传感网、互联网、网络管理系统和云计算平台等组成，是整个物联网的中枢，负责传递和处理感知层获取的信息。

（3）应用层

应用层是物联网和用户的接口，它与行业需求结合，实现物联网的智能应用。根据获取植物实时生长环境信息，如温湿度、光照参数等，收集每个节点的数据，进行存储和管理实现整个测试点的信息动态显示，并根据各类信息进行自动灌溉、施肥、喷药、降温补光等控制，对异常信息进行自动报警，加装摄像头可以对每个大棚和整个园区进行实时监控。

4. 农业物联网项目简介

现以"四川省苍溪县职业高级中学智慧农业产学研基地项目"为例，介绍一个典型的农业物联网系统实施和应用的具体步骤与实现方法。

（1）项目简介

该项目主要建设内容包括一个核心云平台和六大应用系统，包含智慧农业物联网云平台、物联网农业气象环境数据采集系统、土壤墒情监测分析系统、大数据分析可视化大屏系统、智慧大棚环境控制系统、自动施肥灌溉系统和远程高清视频监控系统。旨在实现智慧农业物联网云平台对智慧农业实践园的农业生产气象环境数据采集和园区高清视频监控，对农业大棚内的农业生产环境数据采集、环境控制和农业大棚的远程控制，以及对园区种植地块的土壤墒情监测分析和物联网自动施肥灌溉的控制。

项目采用物联网应用系统典型的三层逻辑架构，分别是应用层、网络层与感知层

（图7-1-1）。项目由定制化开发的智慧农业物联网云平台、智慧温室大棚、露天种植地块、果园种植区土壤墒情数据实时采集系统、果园自动施肥灌溉控制系统、远程高清视频监控系统等子系统组成（图7-1-2）。

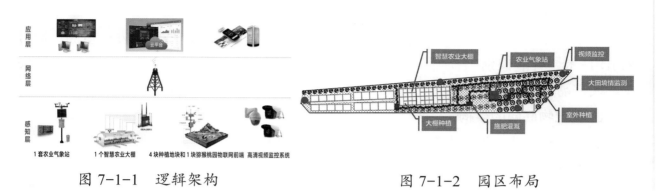

图 7-1-1　逻辑架构　　　　　　　　图 7-1-2　园区布局

（2）农业物联网云平台子系统

现对智慧农业物联网数据采集传感器集中统一管理，对数据集中存储、数据的分析及大屏可视化呈现，对施肥灌溉、自动通风、自动补光等远程控制的实时管理，平台子系统同时开展功能复杂的综合设计和科研项目，包括定制化开发智慧农业物联网云平台，软件程序代码全部开源，进行云服务器方式部署系统软件，并实施对物联网设备的监控和设备管理，从而实现对农作物生长全生命周期监控和全天候连续采集，对监测点位的空气温湿度、土壤温湿度、叶面光照度、室外光照度等各项参数情况记录，实现对作物生长过程实时环境数据的状态监控、异常预警和动态变化跟踪（图7-1-3）。

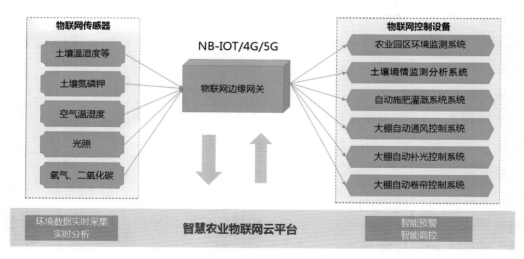

图 7-1-3　智慧农业云平台子系统

（3）智慧农业气象环境数据采集子系统

通过物联网传感器全天候不间断采集农业园区气象数据，物联网数据采集前端由物联网传感器、边缘网关、NB或4G/5G数据传输模块构成，提供农业气象数据采集、传输、云端管理的无人值守解决方案，可使用市电或太阳能供电，能够在全天候下不间断准确采集大气温度、大气湿度、大气压、光照度、风速、风向、降水量、二氧化碳等数据，实时采集现场视频数据，并及时传输到云端平台，形成数据报表，全面直观地呈现各个监站点的数据及其变化情况，稳定、准确、可靠地实现区域性智慧农业数据监测。物联网农业气象环境数据采集系统整个系统由物联网感知层、数据网络传输层和应用层云平台组成（图 7-1-4）。

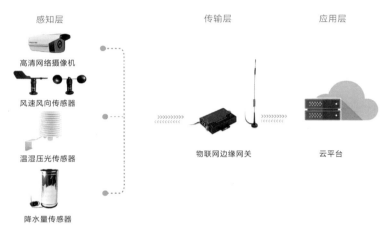

图 7-1-4 　智慧农业气象环境数据采集子系统

（4）智慧农业土壤墒情监测分析子系统

通过物联网传感器全天候 24 h 不间断采集农业园区土壤墒情数据，物联网数据采集前端由物联网传感器、边缘网关、NB 或 4G/5G 数据传输模块构成，提供土壤墒情数据采集、传输、云端管理的无人值守解决方案，可使用市电或太阳能供电，能够在全天候下不间断准确采集土壤的温湿度、酸碱度、氮磷钾、电导率等数据，并及时传输到云端平台，形成数据报表，全面直观地呈现各个监站点的数据及其变化情况，稳定、准确、可靠地实现种植地块土壤数据精准监测，为土壤肥力改善和精准施肥灌溉提供参考依据（图 7-1-5）。

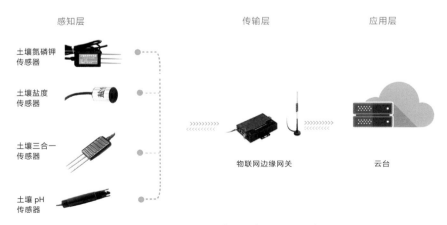

图 7-1-5 　物联网土壤墒情监测分析子系统

（5）智慧农业大数据分析可视化大屏子系统

利用大数据挖掘、数据可视化等技术，挖掘农业大数据的数据价值，通过大数据分析可视化大屏更加直观、动态地显示农业园区各类环境动态数据和实时状态。主要建设智慧农业物联网数据资源库、农业大数据统计分析模型和农业大数据可视化大屏三大部分，实现对数据的采集、运算、应用、服务四大体系，通过大数据可视化大屏全面展示农业园区环境和运行情况，对农业大数据潜在规律和模式进行清晰、有效掌握，保障农业生产管理科学化决策（图7-1-6）。

图7-1-6　大数据分析可视化大屏子系统

（6）智慧避雨棚环境控制子系统

智慧避雨棚是集约、高产、高效、生态、安全的发展需求，提供物联网土壤和环境参数在线采集、智能组网、无线传输、数据处理、预警信息发布、决策支持、自动控制等功能于一体的农业大棚物联网解决方案。（图7-1-7）物联网避雨棚环境控制系统根据农作物的生长需求规律，对大棚内二氧化碳浓度、光照、温湿度进行调节控制，并对土壤氮磷钾等营养成分进行精准施肥

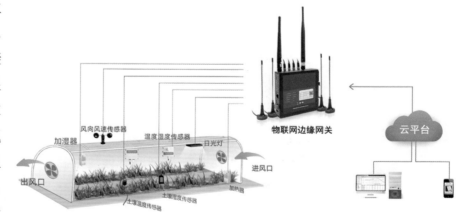

图7-1-7　温室环境监测子系统

供给，为大棚内农作物生长提供最佳适宜的环境。物联网、大数据、云计算与传感器技术相结合的方式，通过物联网采集传感器实时采集大棚内环境温湿度、光照度、二氧化碳浓度等参数进行实时监测，通过分析处理传感器数据信息，当达到所设阈值或人为干

预操作，作为物联网通风设备、补光设备、加温设备运行的控制条件，远程集中管理支持远程控制、手动控制、自动控制、定时控制等多种工作模式，可对所有设备进行控制，实现智能化管理和调节大棚环境（图7-1-8）。

图 7-1-8　温室环境控制子系统

同时，通过手机、计算机等信息终端实时掌握种植环境信息，及时获取异常报警信息及环境预警信息，并可以根据环境监测结果实时调整控制设备，实现避雨棚的科学种植与管理，最终实现节能降耗、绿色环保、增产增收的目标。

（7）智慧农业自动施肥灌溉子系统

物联网自动施肥灌溉系统根据猕猴桃的生长需求规律、土壤水分、土壤性质等条件提供最合适的水肥灌溉方案，系统运用物联网、大数据、云计算与传感器技术相结合的方式，对农业生产中的环境温度、湿度、光强度、土壤墒情等参数进行实时监测，通过分析处理传感器数据信息，判断分析土壤干湿度、氮磷钾等土壤营养成分，当达到所设阈值或人为干预操作，作为物联网灌溉设备运行的控制条件，远程集中管理支持远程控制、手动控制、自动控制、定时控制等多种工作模式，可对所有灌溉设备进行控制，节约人力，实现智能化施肥和灌溉。

（8）远程高清视频监控子系统

农业园区远程高清视频监控系统将互联网从桌面延伸到田野，通过高清视频摄像头实时采集农作物生长视频数据，可以使农业专家远程随时查看农田内的农作物生长视频记录，并结合农业园区的大气和环境数据，判断是否是适合作物生长的最佳条件，并通过物联网远程控制园区内施肥滴灌系统、通风系统、补光系统等实施人工干预和精准化

管理，调节农作物生长环境关键值，实现智能化、自动化管理。

同时，可通过远程高清视频监控查看作物病虫害问题，视频结合相应的同期数据进行分析，远程诊断病虫害原因，及时对病虫害进行处理解决，实现对作物病虫害的早期预警和对作物产量的早期预测。

训练任务

➡ **任务安排**

以班级为单位，到猕猴桃园物联网应用基地参观和体验。

➡ **任务要求**

1. **实训准备**　实训前学生通过网络了解农业物联网，实习指导教师提前拟定参观的路线和区域，打开云平台。

2. **实训活动**　以班级为单位到产学研基地参观，实训指导教师解说猕猴桃园物联网各系统的布局和功能。

3. **问题处理**　结合红肉猕猴桃生长环境要求，画出红肉猕猴桃园区物联网建设的大致结构图。

思考与练习

1. 农业物联网在农业生产的中运用有哪些优点？

2. 农业物联网由哪些子系统构成？

3. 画出猕猴桃园物联网的结构图。

考核评价

物联网系统认识

实习地点：

班级：＿＿＿＿＿　组别：＿＿＿＿＿　姓名：＿＿＿＿＿　成员：＿＿＿＿＿

考核项目	内容		分值	得分
技能操作 （55分）	描述农业物联网的概念	概念描述不完整、不准确，酌情扣2～5分	10	
	罗列农业物联网的主要功能	功能罗列不完整、不准确，酌情扣2～5分	10	
	描述农业物联网架构	架构描述不完整、不准确，酌情扣2～5分	10	
	罗列农业物联网的子系统构成	系统构成罗列不完整、不准确，酌情扣2～5分	10	
	画出农业物联网的结构图	绘制的结构图不完整、不准确，酌情扣2～7分	15	
学习成效 （30分）	拓展作业	作业完成不完整，酌情扣1～3分	10	
	实习总结	实习总结不完整，酌情扣1～3分	10	
思想素质 （25分）	操作规程	有违规操作酌情扣1～3分	5	
	纪律出勤	无故缺席扣5分，迟到早退每次扣1分，其他违纪情况酌情扣1～5分	5	
	劳动态度	着装不规范、有损坏工具或公物的酌情扣1～3分	5	
	团结协作	无合作探究氛围，不互助互学，不合作解决问题，各扣1分	5	
	环保意识	作业不认真、不规范，格式不符合要求，书面不整洁，不按时完成各扣2分；不及时完成问题处理与反思总结扣5分	5	

续表

考核项目	内容	分值	得分
合计		100	
评价人员 签字	1. 任课教师： 2. 实习指导教师： 3. 专业带头人： 4. 园区（企业或行业）技术员：		

任务二 认识猕猴桃园物联网的常用设备

▶ 知识目标

了解猕猴桃园物联网常用设备的功能。

▶ 能力目标

1. 能识别猕猴桃园物联网常用传感器；

2. 能针对红肉猕猴桃生长环境要求选择传感器。

▶ 思政目标

1. 培养学生选择和使用人工智能工具素养；

2. 引导学生树立科学精准种植的意识，培养精益求精的工匠精神；

3. 培养学生热爱家乡的情怀，树立服务"三农"的责任感；

4. 培养学生团结协作、互帮互助的协作意识。

▶ 知识要点

猕猴桃园物联网的主要硬件设备由传感器、继电器、网络等设备组成。

1. 土壤氮磷钾传感器

用于检测土壤中氮磷钾的含量，通过检测猕猴桃园土壤中氮磷钾的含量来判断土壤的肥沃程度，也广泛适用于大棚种植、水稻、蔬菜种植、果园苗圃、花卉土壤研究等（图 7-2-1 ）。

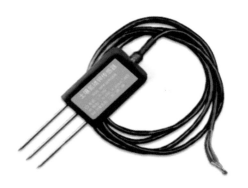

图 7-2-1　土壤氮磷钾传感器

2. 土壤盐度传感器

采用先进的陶瓷技术，直接埋入土中，免维护，主要测量猕猴桃园的土壤盐度，也适用于农业灌溉、花卉园艺、草地牧场、土壤速测、植物培养、科学试验等领域，同时也可以用作地下输油、输气管道及其他管线的防腐监测（图 7-2-2 ）。

图 7-2-2　土壤盐度传感器

3. 土壤温湿度传感器

可同时测量猕猴桃园土壤温度、土壤湿度和土壤电导率，通过测量猕猴桃园土壤的总盐量（电导率），能直接稳定地反映各种猕猴桃园土壤的真实水分含量，也适用于土壤墒情监测、科学试验、农业灌溉、温室大棚、花卉蔬菜、草地牧场、土壤速测、植物培养等场合（图 7-2-3 ）。

图 7-2-3　土壤温湿度传感器

4. 土壤 pH 传感器

实现对猕猴桃园土壤 pH 在线实时监测，也广泛适用于农业灌溉、花卉园艺、草地牧场、土壤速测、植物培养、科学试验等领域（图 7-2-4）。

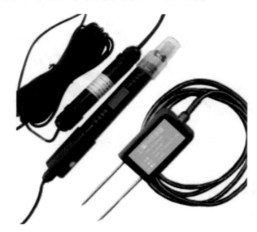

图 7-2-4　土壤 pH 传感器

5. 百叶箱式集成传感器

是一种固定式多合一的地面自动观测设备，支持对猕猴桃园空气环境温湿度、大气压、光照度、二氧化碳浓度、PM2.5、PM10 等气象要素的采集，也广泛应用于大田、大棚、饲养等区域空气环境的监控（图 7-2-5）。

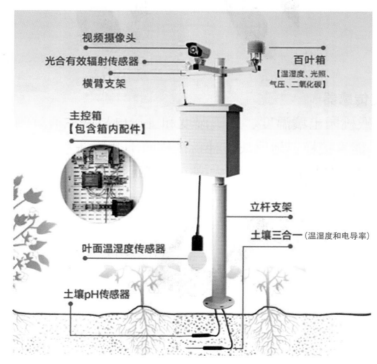

图 7-2-5　百叶箱式集成传感器

6. 风速风向传感器

主要采集猕猴桃园风向、风速气象数据，也广泛应用于温室、环境保护、气象站等环境的风速、风向测量（图 7-2-6）。

图 7-2-6　风速风向传感器

7. 紫外辐射传感器

采用光电测探器，接收紫外光波电信号，主要用来测量猕猴桃园大气中的太阳紫外线辐射，广泛应用于暴晒引起的红斑剂量、综合环境生态效应、气候变化的研究及紫外线监测和预报（图 7-2-7）。

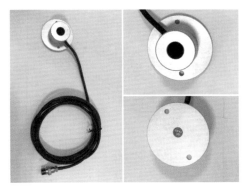

图 7-2-7　紫外辐射传感器

8. 雨量传感器

用于测量猕猴桃园自然界降水量，广泛应用于农业园区测量液体降水量、降水强度、降水时间（图 7-2-8）。

图 7-2-8　雨量传感器

9. 物联网边缘网关

主要实现串口设备与网络服务器通过运营商网络相互传输数据，将各类物联网传感器采集的数据传输到云平台，支持网络透传、协议透传(UDC)、HTTPD 工作模式（图 7-2-9）。

10. 继电器

图 7-2-9　物联网边缘网关

继电器串口控制模块，支持电脑软件和手动控制，支持标准的 modbus RTU 协议，具有闪开、闪断功能，用于猕猴桃园物联网中水管闸阀、电源的开关控制（图 7-2-10）。

图 7-2-10　继电器

训练任务

⮊ 设备环境准备

1. 设备准备　准备猕猴桃园物联网常用硬件设备。

2. 环境准备　准备猕猴桃园物联网应用场景。

⮊ 任务安排

以小组为单位，到智慧猕猴桃园认识猕猴桃园物联网设备。

➡ 任务要求

1. **实训准备** 实训前学生通过网络了解农业物联网；实习指导教师提前按小组拟定在智慧猕猴桃园学习的路线和区域，准备好绝缘手套。

2. **实训活动** 学生以小组为单位在智慧猕猴桃园识别农业物联网常用设备，说出每个设备的功能。

3. **问题处理** 结合红肉猕猴桃生长环境要求，列出红肉猕猴桃园区物联网搭建需要的硬件终端设备清单。

思 考 与 练 习

1. 大田农业场景中农业物联网常用传感器有哪些？

2. 红肉猕猴桃园避雨栽培环境下需要选择哪些传感器？

考 核 评 价

农业物联网传感器等硬件认识与安装使用实习

实习地点：

班级：_____ 组别：_____ 姓名：_____ 成员：_____

考核项目	内容		分值	得分
技能操作 （55分）	土壤氮磷钾传感器	对土壤氮磷钾传感器认识不全面，对其功能、应用了解不全面，不能正确安装或操作不熟练，酌情扣 2 ~ 5 分	5	
	土壤盐度传感器	对土壤盐度传感器认识不全面，不能正确安装，操作不熟练，或操作不正确，酌情扣 2 ~ 5 分	5	
	土壤墒情监测分析系统	对土壤墒情监测分析系统认识不全面，不能正确安装，操作不熟练，或操作不正确，酌情扣 2 ~ 5 分	5	

考核项目		内容	分值	得分
	土壤温湿度传感器	对土壤温湿度传感器认识不全面，不能正确安装，操作不熟练，或操作不正确，酌情扣 2～5 分	5	
	土壤 pH 传感器	对土壤 pH 传感器认识不全面，不能正确安装，操作不熟练，或操作不正确，酌情扣 2～5 分	5	
	百叶箱式集成传感器	对百叶箱集成传感器认识不全面，不能正确安装，操作不熟练，或操作不正确，酌情扣 2～5 分	5	
	风速风向传感器	对风速风向传感器认识不全面，不能正确安装，操作不熟练，或操作不正确，酌情扣 2～5 分	5	
	紫外辐射传感器	对紫外辐射传感器认识不全面，不能正确安装，操作不熟练，或操作不正确，酌情扣 2～5 分	5	
	雨量传感器	对雨量传感器认识不全面，不能正确安装，操作不熟练，或操作不正确，酌情扣 2～5 分	5	
	物联网边缘网关	对物联网边缘网关认识不全面，不能正确安装，操作不熟练，或操作不正确，酌情扣 2～5 分	5	
	继电器	对继电器认识不全面，不能正确安装，操作不熟练，或操作不正确，酌情扣 2～5 分	5	
素质（35 分）	工匠精神	工作不认真，吃苦耐劳不够，酌情扣 1～5 分	5	
	纪律出勤	无故缺席扣 5 分，迟到早退每次扣 1 分，其他违纪情况酌情扣 1～5 分	5	
	"三农"意识	损坏果树、庄稼扣 2～5 分，文明用语不当扣 2 分	5	
	科学意识	材料存放、使用不科学，工作不严谨，每项酌情扣 2～3 分	5	
	团结协作	无合作探究氛围，不互助互学，不合作解决问题，各扣 1 分	5	
	环保意识	乱丢乱扔垃圾扣 2 分，工作中损坏果树枝叶或不节约材料酌情扣 1～5 分	10	
反思（10 分）	作业总结	作业不认真、不规范，格式不符合要求，书面不整洁，不按时完成各扣 2 分；不及时完成问题处理与反思总结扣 5 分	10	

续表

考核项目	内容	分值	得分
合计		100	
评价人员 签字	1. 任课教师： 2. 实习指导教师： 3. 专业带头人： 4. 园区（企业或行业）技术员：		

 任务三　掌握农业物联网的配置和云平台使用技术

知识目标

了解猕猴桃园物联网云平台的主要功能。

能力目标

1. 能在猕猴桃园物联网云平台中添加常用传感器；

2. 能在猕猴桃园物联网云平台中查看数据大屏；

3. 能在猕猴桃园物联网云平台中设置报警联动。

思政目标

1. 引导学生树立大数据、人工智能的科学意识；

2. 培养学生严谨的科学态度和团队协作能力；

3. 帮助学生厚植爱专业、爱家乡、爱农业的情怀；

4. 帮助学生树立节约材料、减少能耗的环保意识。

知识要点

1. 物联网云平台

物联网云平台是物联网平台与云计算的技术融合的产物。简单而言，物联网云平台是通过联动感知层和应用层，向下连接、管理物联网终端设备，归集、存储感知数据，

向上提供应用开发的标准接口和共性工具模块，通过对数据的处理、分析和可视化，实现理性、高效决策。

物联网云平台的主要功能：设备的注册、管理和支持；接收和存储数据；数据的分析、展示和反馈；物联网设备控制指令的发送。

2.农业物联网云平台

农业物联网云平台可以实现农业生产全过程的高效感知及可控，促进传统农业向智慧农业的转变，显著提高农业生产经营效率。

（1）监测功能

通过传感设备实时采集农业种养环境中空气温度、空气湿度、二氧化碳、光照、土壤水分、土壤温度、棚外温度与风速等数据，将数据通过移动通讯网络传输给云平台，云平台对数据进行分析处理，并展示数据分析处理的结果，供用户决策。

（2）控制功能

农户可通过手机或电脑登录云平台，控制温室内的水阀、排风机、卷帘机等设备的开关，实现远程控制功能。也可设定好控制逻辑，系统会根据内外情况自动开启或关闭设备，实现自动控制。

（3）视频实时监控功能

管理区域内放置360°全方位红外球形摄像机，通过云平台可清晰直观地实时查看农业生产环节实时情况和设备远程控制执行情况，实现远程轻松监控。

（4）预警功能

预警功能需预先设定适合条件的上限值和下限值，设定值可根据农作物种类、生长周期和季节的变化进行修改。当某个数据超出限值时，系统立即将告警信息发送给相应的用户，提示用户及时采取措施。

任务准备

➡ **任务实施**

下面以有人云物联网云平台为例，介绍猕猴桃园物联网云平台操作方法。

1. 物联网边缘网关设备接入

注册/登录有人通行证：有人云官网（cloud.usr.cn）→右上角"控制台"→注册/登录通行证账号，将设备添加到云端。

（1）添加设备入口：有人云控制台→设备管理→添加设备；

（2）填写设备SN、MAC / IMEI，开启云组态功能，使用数据透传，完成添加；

（3）重新给物联网网关上电，设备启动后可立即上线（如果不重新上电，设备可在 1 h 内自动上线），可从设备列表查看设备在线状态（图 7-3-1）。

图 7-3-1　设备在线状态

2. 网关传感器模板配置

有人云控制台→设备管理→设备模板→添加，如图 7-3-2 所示。

图 7-3-2　添加设备模板

在弹出的窗口中，填写好自定义的模板名称，采集方式默认选择云端轮询即可，点击"下一步，配置从机和变量"。回到"设备列表"，在之前添加好的设备选项右侧选择编辑。如图 7-3-3 所示。

图 7-3-3　修改设备模板

3. 传感器添加

在弹出的窗口中，选择对应的协议和产品，并配置串口序号和从机地址（图7-3-4）。

图 7-3-4　添加传感器

4. 组态配置

选择设备模板，添加模板后，即可编辑其组态面板（图7-3-5）。

图 7-3-5　打开组态面板

点击组态设计后界面如下，依据个人需求进行拖拽组件来进行组态即可（图7-3-6）。

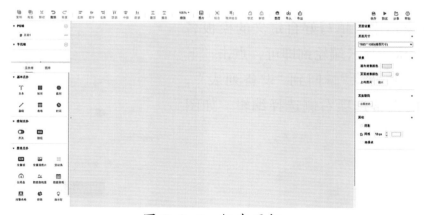

图 7-3-6　组态面板

5. 数据大屏

登录有人云 http://cloud.usr.cn/，即可看到云组态监控面板（图 7-3-7）。

图 7-3-7　打开监控大屏

6. 联动控制

有人云控制台→报警联动→独立触发器→添加，如图 7-3-8 所示。

图 7-3-8　打开"添加独立触发器"设置窗口

根据需求，输入触发器名称，选择触发器类型和所属组织，选择联网设备和变量，设置触发条件，如图 7-3-9 所示。

图 7-3-9　配置独立触发器

选择监控大屏（图 7-3-10），即可直观、动态地显示猕猴桃园区各类环境动态数据和实时状态。

图 7-3-10　监控大屏

工具准备

1. 能连互联网的机房。

2. 新接入 1~2 种传感器。

➡ 任务安排

登录有人云物联网云平台，添加传感器，查看监控大屏，配置组态面板。通过手机微信小程序登录云平台查看数据，控制设备。

➡ 任务要求

1. 实训准备　实训前学生通过网络了解农业物联网云平台；实习指导教师提前准备好机房，新接入 1~2 种传感器；学生准备好手机。

2. 实训活动　学生登录有人云物联网云平台，添加新加入的传感器，查看监控大屏，配置 2 种不同类型传感器的组态面板。通过手机微信小程序登录云平台查看数据，控制设备。

3. 任务拓展　探究云平台的其他功能，以大棚自然光照度为触发条件自动开启或关闭补光设备。

思 考 与 练 习

1. 猕猴桃园物联网云平台有哪些功能？

2. 红肉猕猴桃园避雨栽培环境下云平台大屏显示哪些数据？

3. 红肉猕猴桃园避雨栽培环境下云平台设置哪些报警联动功能？

考 核 评 价

物联网云平台配置与使用实习

实习地点：

班级：_____　组别：_____　姓名：_____　成员：_____

考核项目	内容		分值	得分
技能操作 （55分）	物联网边缘网关设备接入	注册、登录操作不熟练，对设备入口不清楚，填写设备不全面，每项酌情扣 2 ~ 5 分	10	
	网关传感器模板配置	网关传感器模板配置不准确，操作不熟练，使用不当，酌情扣 2 ~ 5 分	10	

考核项目		内容	分值	得分
技能操作 （55分）	传感器添加	对传感器添加不当，操作不熟练，或操作不正确，酌情扣2～5分	10	
	组态配置	组态配置操作不熟练，或操作不正确，酌情扣2～5分	10	
	数据大屏	对数据大屏操作不熟练，或操作不正确，对相关数据不能正确分析，酌情扣2～5分	15	
素质 （35分）	工匠精神	工作不认真，吃苦耐劳不够，酌情扣1～5分	5	
	纪律出勤	无故缺席扣5分，迟到早退每次扣1分，其他违纪情况酌情扣1～5分	5	
	"三农"意识	损坏果树、庄稼扣2～5分，文明用语不当扣2分	5	
	科学意识	材料存放、使用不科学，工作不严谨，每项酌情扣2～3分	5	
	团结协作	无合作探究氛围，不互助互学，不合作解决问题，各扣1分	5	
	环保意识	乱丢乱扔垃圾扣2分，工作中损坏果树枝叶或不节约材料酌情扣1～5分	10	
反思 （10分）	作业总结	作业不认真、不规范，格式不符合要求，书面不整洁，不按时完成各扣2分；不及时完成问题处理与反思总结扣5分	10	
合计			100	
评价人员 签字		1. 任课教师： 2. 实习指导教师： 3. 专业带头人： 4. 园区（企业或行业）技术员：		

情境 8 　掌握红肉猕猴桃的避雨栽培技术

情境目标

‖ 知识目标 ‖

1. 了解红肉猕猴桃避雨棚的主要特点和建设要求；

2. 了解红肉猕猴桃避雨棚的主要建设方案；

3. 了解红肉猕猴桃避雨栽培的配套技术方案。

‖ 能力目标 ‖

1. 能认识红肉猕猴桃避雨棚作用和建设要求；

2. 能正确建设红肉猕猴桃避雨棚；

3. 能开展红肉猕猴桃避雨栽培。

‖ 思政目标 ‖

1. 帮助学生树立热爱农业、热爱家乡的情怀和服务"三农"、振兴家乡的责任感，树立振兴我国猕猴桃产业的志向；

2. 帮助学生树立降碳环保、绿色发展、协调发展的环保意识；

3. 帮助学生培养吃苦耐劳、精益求精的工匠精神；

4. 培养学生树立食品安全意识和责任感；

5. 培养学生团结协作、互帮互助的协作意识。

 任务一　认识红肉猕猴桃避雨棚建设的基本要求

任务目标

知识目标

1. 了解红肉猕猴桃避雨棚的作用；

2. 了解红肉猕猴桃避雨棚建设的基本要求。

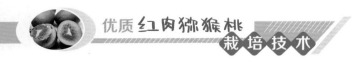
⊃ 能力目标

能正确选择红肉猕猴桃避雨棚的立地条件、搭建时间和配套设施。

⊃ 思政目标

1. 培养学生热爱家乡的情怀，树立振兴猕猴桃产业的志向；
2. 培养学生热爱"三农"的情怀，树立服务"三农"的责任感；
3. 培养学生认真工作、精益求精的工匠精神；
4. 培养学生节约材料、减少损耗的环保意识；
5. 培养学生团结协作、互帮互助的协作意识。

⊃ 知识要点

红肉猕猴桃避雨栽培是果树科技工作者和广大果农针对四川猕猴桃花期和采前雨水多、溃疡病危害重等问题，在生产实践中总结出来的防治红肉猕猴桃溃疡病最有效的技术措施之一。避雨栽培能有效减轻猕猴桃溃疡病的发生、传播和蔓延，可以在 1 ～ 2 年内将猕猴桃溃疡病的发病率降低至 5% 以下。

避雨大棚能在冬、春季防寒防冻，在夏季避雨防风，避免病害经风雨传播，隔离病虫源侵入和传播，减少农药用量、降低果实农药残留；能调节田间小气候，促进红肉猕猴桃生长，提高产量和品质，防止风雹灾害等。避雨大棚栽培是红肉猕猴桃全程标准化绿色管理技术中的关键技术，在红肉猕猴桃病虫害绿色防控中具有显著的效果。

1. 立地条件要求

（1）地面平整度

建设避雨棚果园要求坡度 ≤ 15°，地面呈锐角倾斜。

（2）避风

避雨棚易被大风损毁，常年刮大风的迎风口不宜搭建避雨大棚。

2. 搭建时间要求

10 月底至 11 月上中旬完成棚架搭建，11 月底前（极度降温、下雪或霜冻前）完成盖膜，越早完成建棚覆膜来年防控效果越好。

3. 配套设施要求

（1）灌溉设施

避雨后水分蒸发量较常规栽培大，在避雨棚内必须配套喷灌、滴灌设施和保障基本供水条件。

（2）防风设施

在果园迎风口必须种植防风林或建防风墙，同时大型猕猴桃园每隔 30 ~ 50 m 需种植一道高 5 ~ 10 m 的防风林。

训练任务

➡ 工具与场地准备

1. 工具准备　准备好调查用的电脑或智能手机、笔、记录本。
2. 场地准备　联系好避雨栽培的校外基地。

➡ 任务安排

学生通过调查研究，认识猕猴桃避雨栽培的现状和避雨棚建设的基本要求。

➡ 任务要求

1. 实训准备　通过资料查阅，了解红肉猕猴桃避雨栽培的现状、主要优缺点，了解避雨棚建设的基本要求。
2. 实训活动　在校外实训基地开展现场调查，了解当地红肉猕猴桃避雨栽培的现状和避雨棚建设的基本要求。

思考与练习

1. 红肉猕猴桃避雨栽培的作用和意义有哪些？
2. 红肉猕猴桃避雨棚建设的基本要求有哪些？

考核评价

认识红肉猕猴桃避雨棚建棚要求实习

实习地点：

班级：_____　　组别：_____　　姓名：_____　　成员：_____

考核项目		内容	分值	得分
技能操作 （55分）	立地条件	了解搭建避雨棚地点选择、坡度要求，了解不清楚，每项酌情扣2～5分	10	
	避雨设施	了解避雨棚搭建合理性，对高度、抗风能力了解不清楚，每项酌情扣2～5分	20	
	灌溉设施	了解水源情况、灌溉设施情况不清楚，每项酌情扣2～5分	15	
	排水设施	了解排水设施情况，对水沟深度、宽度、分布情况了解不清楚，每项酌情扣2～5分	10	
素质 （35分）	工匠精神	工作不认真，吃苦耐劳不够，酌情扣1～5分	5	
	纪律出勤	无故缺席扣5分，迟到早退每次扣1分，其他违纪情况酌情扣1～5分	5	
	"三农"意识	损坏果树、庄稼扣2～5分，文明用语不当扣2分	5	
	劳动意识	工作现场清理不到位扣2分，劳动任务完成不好扣3分	5	
	团结协作	无合作探究氛围，不互助互学，不合作解决问题，各扣1分	5	
	环保意识	乱丢乱扔垃圾扣2分，工作中损坏果树枝叶或不节约材料酌情扣1～5分	10	
反思 （10分）	作业总结	作业不认真、不规范，格式不符合要求，书面不整洁，不按时完成各扣2分；不及时完成问题处理与反思总结扣5分	10	

考核项目	内容	分值	得分
合计		100	
评价人员 签字	1. 任课教师： 2. 实习指导教师： 3. 专业带头人： 4. 园区（企业或行业）技术员：		

 任务二　掌握红肉猕猴桃避雨棚建设的基本技术

知识目标

1. 了解简易竹木棚的主要优缺点和设计方案；
2. 了解简易铝包钢大棚的主要优缺点和设计方案；
3. 了解简易钢架拱棚的主要优缺点和设计方案；
4. 了解连栋钢架拱棚的主要优缺点和设计方案。

能力目标

能因地制宜地搭建避雨棚。

思政目标

1. 培养学生热爱家乡的情怀，树立振兴猕猴桃产业的志向；
2. 培养学生热爱"三农"的情怀，树立服务"三农"的责任感；
3. 培养学生安全生产、吃苦耐劳、精益求精的工匠精神；
4. 培养学生节约材料、低碳环保的环保意识；
5. 培养学生团结协作、互帮互助的协作意识。

知识要点

避雨大棚种类多样，目前主要有简易竹木棚、简易铝包钢大棚、简易钢架拱棚、连

栋钢架拱棚 4 种类型。

1. 简易竹木棚

（1）优缺点

就地取材，成本低，易搭建，高度可自由调整。但抗风防雪压力较差，使用寿命短，基本上是一次性使用。

（2）设计方案

在猕猴桃栽培行（厢）上，靠近水泥柱插入直径 10 cm 以上的圆木桩（或厚度 10 cm 以上的方木桩），要求木桩笔直，埋土深度不低于 50 cm，地面高度 2.5 m（如水泥柱牢固程度高，可以直接在水泥柱上绑木桩），木桩间距 3 m、行距 3 m，木桩之间用中梁直木棒钉牢。在每根木桩的离地面 2.2 m 处钉一根横向的支撑横木棒，木棒长 2.2 ~ 2.3 m、直径不低于 5 cm，横木棒要求垂直于木桩、能拉通相连。沿支撑横木棒中点，在左右两边的等距离处各钉一根支撑斜木条，木条宽度和厚度不低于 5 cm，下端交叉钉牢在木桩上，以增强支撑和固定作用。在支撑横木棒的两端各钉一根拉通相连的棚边直木条，木条宽度和厚度不低于 5 cm。用宽度不低于 3 cm 的竹片绑在左右棚边横木条和木桩上方，竹片间距 1 m，形成拱（图 8-2-1）。

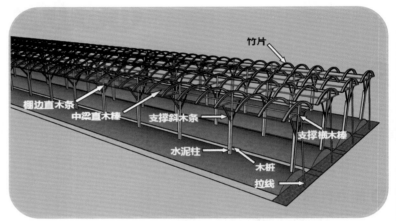

图 8-2-1　简易竹木棚棚架结构

棚膜可选择普通薄膜，厚度不低于 0.08 mm（8 丝）（图 8-2-2）。

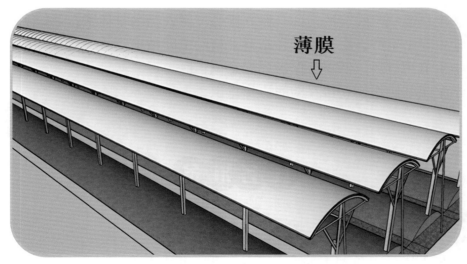

图 8-2-2　简易竹木棚盖膜

170

（3）材料准备与成本核算

按 667 m² 计算，需要 3 m 立柱木桩 70 根，3 m 中梁直木棒 220 根，2.3 m 横木棒 70 根，1.5 m 斜木条 140 根，3 m 棚边直木条 440 根，共计需要木材（木棒和木条以 3 m 计算）870 根，竹片 660 片，薄膜 650 m²。预估成本 3 000 ～ 4 000 元。

2. 简易铝包钢大棚

（1）优缺点

简易铝包钢大棚抗风能力较强，对溃疡病预防效果优于简易竹木棚，成本中等，但抗压能力较差，抗雪压力相对较弱，使用寿命较短（图 8-2-3、图 8-2-4）。

（2）设计方案

采用铝包钢做拱，按设计要求搭建大棚。棚膜可使用普通薄膜或专用棚膜。

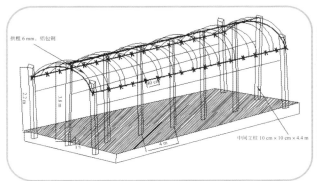

图 8-2-3 简易铝包钢大棚棚架结构

图 8-2-4 简易铝包钢大棚效果

（3）材料准备与成本预算

按 667 m² 计算。主材料：钢材（铝包钢筋）2 500 元，水泥杆 2 750 元。配件：1 000 元，薄膜：1 400 元，人工：2 000 元。合计：9 650 元。

3. 简易钢架拱棚

（1）优缺点

简易钢架拱棚用镀锌钢管做立柱和支架，钢筋做拱，覆盖普通薄膜或专用棚膜，成本中等，抗风能力较强，对溃疡病预防效果优于简易棚。但钢筋抗压能力差，容易被雪压垮，如采用普通薄膜容易被风吹破或被钢筋划破，使用寿命较短。

（2）设计方案

每行为一个单棚，多个单棚相连为一个单元连棚。为保证稳固性，每个单元连棚的单棚一般不超过 20 个。

位于栽培行中间的主立柱高度 3.5 ～ 4 m、间距 3 ～ 4 m，位于连棚两侧和天沟中央两端的侧立柱高度 2.8 ～ 3 m。主立柱和侧立柱为镀锌钢管，直径不低于 50 mm，壁厚不低于 1.5 mm。棚顶顺行钢管，每个单棚两边各一根棚边钢管，每根立柱有一个横向连接钢管，均为直径 25 ～ 32 mm、壁厚 1.5 mm 的镀锌钢管，长度不超过 60 m。为方便农事操作和机械进出，可以在正面设置一根横向通道钢管，直径 40 ～ 50 mm、壁厚 1.5 ～ 2 mm。每个单元连棚的四周、天沟正面通道钢管（或侧立柱）与背面侧立柱之间以钢丝绳相连接；位于四周边上的主立柱和侧立柱从顶端到地面，拉一根斜拉钢丝绳，所有钢丝绳直径不低于 4 mm；所有立柱钢管、斜拉钢丝绳下必须有 40 cm×40 cm×40 cm 水泥桩，斜拉钢丝绳与水泥桩之间用铁丝拉紧。棚边钢管和棚顶钢管上用 Φ25 mm×1.2 mm 镀锌钢管弯曲成撑膜弯拱，间距 1 ～ 1.2 m，或用直径不低于 5 mm 的铝包钢筋弯曲成撑膜弯拱，间距不超过 0.5 m。

棚架上盖普通 PE 或 PP 薄膜，厚度不低于 0.12 mm，膜边用钢丝或夹子绑紧，每 6 m 在膜上至少加两根相交叉的压膜绳。

（3）材料准备与成本预算

以每 667 m² 计算，种植 7 行，每行 30 m，行距 3 m，立柱间距 3 m。

4 ～ 5 m 镀锌钢管立柱 74 根，22 m 横向镀锌钢管 10 根，30 m 顺行纵向镀锌钢管 21 根，3 m 弯拱镀锌钢管（或铝包钢筋）707 根。水泥桩 100 个，1.25 钢丝绳、自攻螺丝、花兰等配件若干。

材料成本 18 000 ～ 20 000 元，人工 25 ～ 30 个，预估总成本 2.3 万 ～ 2.5 万元。

4. 连栋钢架拱棚

（1）优缺点

连栋钢架拱棚抗风和抗雪压能力强，周年不去膜，但建设成本高，且要求地形平坦，仅适用于观光园、示范园等（图 8-2-5）。

（2）设计方案

大棚为东西向，春季大棚端面受风，棚群对称式排列。

大棚长度可依地块而定，大棚肩高为 4.2 m，脊高为 6 m，拱杆间距 1.3 m，横拉杆间距 4 m，大棚建造跨度可达 8 m，地块边缘可根据地形适当调整跨度，一般控制在 6 ～ 8 m。如跨度过小，投入成本过高，钢材浪费较大。如跨度超过 9 m，需增设中立柱。棚架顶端最好设置通风口。

温室框架结构主要由基础、立柱、拱杆、纵杆、横拉杆、天沟等组成。基础采用 C25 钢筋混凝土，全部为点式基础，尺寸为 50 cm×50 cm×50 cm，埋深 50 cm；立柱采用 Φ60 mm×2.5 mm 热镀锌钢管；拱杆采用 Φ32 mm×1.8 mm 热镀锌钢管；纵杆采用 Φ25×1.8 mm 热镀锌钢管；横拉杆采用 Φ32 mm×1.8 mm 热镀锌钢管。卡槽使用温室专用 1.0 mm 热镀锌板卡槽，卡簧使用温室专用 2.7 mm 浸塑碳素钢丝。覆盖材料采用三层共挤无滴膜，厚度 0.12 mm，薄膜初始透光率 90%，使用寿命 5 年，压膜线采用 8 号耐老化聚乙烯塑料绳。天沟采用 2.2 mm 冷弯镀锌板，大截面可抗 140 mm/h 的雨量，天沟与薄膜使用防水专用粘接剂，每条天沟单向排水，通过排水管道导入排水沟。

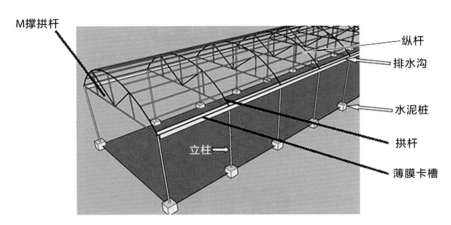

图 8-2-5 连栋钢架拱棚棚架

（3）材料准备与成本预算

以 8 m × 84 m 连栋钢架拱棚计算。

热镀锌钢管：Φ60 mm × 2.5 mm，4.7 m/ 根，44 根；Φ32 mm × 1.8 mm，84 m/ 根，10 根，Φ32 mm × 1.8 mm，8 m/ 根，22 根；Φ25 mm × 1.8 mm，1.8 m/ 根，110 根。镀锌板：2.2 mm 冷弯镀锌板 60 m²（天沟用）。卡槽：温室专用 1.0 mm 厚热镀锌板 80 m²。卡簧：温室专用 2.7 mm 浸塑碳素钢丝 200 m。压膜绳：8 号耐老化聚乙烯塑料绳 1 000 m。棚膜：厚度 0.12 mm 三层共挤无滴膜 1 000 m²。水泥柱：50 cm × 50 cm × 50 cm 水泥桩预埋件 22 个。

成本预算：3.6 万 ~ 4.0 万元。

工具与场地准备

1. 工具准备　准备好调查用的电脑或智能手机、笔、记录本；

2. 场地准备　联系好避雨栽培的校外基地。

任务安排

学生通过资料查询和现场调查，了解红肉猕猴桃避雨棚的主要类型、设计方案和经济性能。

任务要求

1. 实训准备　通过资料查询，了解红肉猕猴桃避雨棚的主要类型。

2. 实训活动　以小组为单位开展实训活动，调查当地主要红肉猕猴桃避雨棚设计方案和经济性能。

思考与练习

1. 红肉猕猴桃避雨棚有哪几种常见类型？
2. 从综合经济性能分析常见红肉猕猴桃避雨棚的优缺点。

考核评价

认识和安装使用4种红肉猕猴桃避雨棚实习

实习地点：

班级：_____　　组别：_____　　姓名：_____　　成员：_____

考核项目		内容	分值	得分
技能操作（55分）	简易竹木棚	对简易竹木棚认识不全面，优缺点掌握不全面，搭建技术掌握不全，使用不熟练，每项酌情扣2~5分	10	
	简易铝包钢大棚	对简易铝包钢大棚认识不全面，优缺点掌握不全面，搭建技术掌握不全，使用不熟练，每项酌情扣2~5分	15	
	简易钢架拱棚	对简易钢架拱棚认识不全面，优缺点掌握不全面，搭建技术掌握不全，使用不熟练，每项酌情扣2~5分	15	
	连栋钢架拱棚	对连栋钢架拱棚认识不全面，优缺点掌握不全面，搭建技术掌握不全，使用不熟练，每项酌情扣2~5分	15	
	工匠精神	工作不认真，吃苦耐劳不够，酌情扣1~5分	5	
	纪律出勤	无故缺席扣5分，迟到早退每次扣1分，其他违纪情况酌情扣1~5分	5	

考核项目		内容	分值	得分
素质 （35分）	"三农" 意识	损坏果树、庄稼扣2～5分，文明用语不当扣2分	5	
	劳动意识	工作现场清理不到位扣2分，劳动任务完成不好扣3分	5	
	团结协作	无合作探究氛围，不互助互学，不合作解决问题，各扣1分	5	
	环保意识	乱丢乱扔垃圾扣2分，工作中损坏果树枝叶或不节约材料酌情扣1～5分	10	
反思 （10分）	作业总结	作业不认真、不规范，格式不符合要求，书面不整洁，不按时完成各扣2分；不及时完成问题处理与反思总结扣5分	10	
合计			100	
评价人员 签字		1. 任课教师： 2. 实习指导教师： 3. 专业带头人： 4. 园区（企业或行业）技术员：		

 任务三　掌握红肉猕猴桃避雨栽培的管理技术

知识目标

1. 了解红肉猕猴桃避雨栽培的土肥水管理技术；

2. 了解红肉猕猴桃避雨栽培的花果管理技术；

3. 了解红肉猕猴桃避雨栽培的整形修剪技术；

4. 了解红肉猕猴桃避雨栽培的病虫害综合防控技术。

> **能力目标**

能科学地开展红肉猕猴桃避雨栽培管理。

> **思政目标**

1. 培养学生热爱家乡的情怀，树立振兴猕猴桃产业的志向；

2. 培养学生热爱"三农"的情怀，树立服务"三农"的责任感；

3. 培养学生安全生产、吃苦耐劳、精益求精的工匠精神；

4. 培养学生低碳环保的生产习惯，树立"绿水青山就是金山银山"的环保理念；

5. 培养学生团结协作、互帮互助的协作意识。

任 务 准 备

> **知识要点**

1. 土肥水管理技术方案

（1）盖膜前施足底肥，控草保湿

在 10 月底前，结合秋施基肥，按每株生物有机肥 20 kg、均衡型颗粒复合肥 1 kg、中微量元素肥 0.1 kg 的标准，全园撒施，内浅外深进行翻耕。7 d 内加生根剂浇透水 1 次，并用松针、秸秆等进行树盘覆盖，厚度 ≥ 15 cm。行间人工播种白三叶草、毛叶苕子、紫云英等绿肥，用种量 1 kg/667 m²。

（2）生长期少量多次肥水供应

避雨后水分蒸发量较露地栽培大，应保证棚内有充足的水分供应，可以安装喷灌或滴灌设施。避雨后土施水溶肥浓度需控制在 0.1% ~ 0.3%，要坚持少量多次、肥水同步供应，以防止伤根。萌芽前使用高磷水溶肥 0.1 kg/ 株 + 氨基酸水溶肥 0.1 kg/ 株，滴灌或喷灌 2 次。萌芽后使用高氮型水溶肥 0.1 kg/ 株 + 少许中微肥，滴灌或喷灌 2 次。花后使用高钾型水溶肥 0.15 kg/ 株 + 氨基酸水溶肥 0.1 kg/ 株，滴灌或喷灌 4 次。高温天气，每 2 ~ 3 d 土壤补水 1 次。

2. 花果管理技术方案

（1）花期做好人工辅助授粉工作

避雨栽培条件下因棚内冬季温度比露地高 1 ~ 1.5 ℃，植株萌芽会提早 1 ~ 2 d，花期也会同步提前。盖棚后会在一定程度上影响蜜蜂授粉，需做好人工辅助授粉准备。一般每 667 m² 备纯花粉 15 ~ 30 g + 染色石松粉 75 ~ 300 g，混匀后，分别于初花期、盛花期上午 8：00—11：00 用授粉器喷授 1 次，授粉后及时浇水。

（2）采前铺反光膜增糖提色

采用全年覆膜的避雨棚从第二年开始，棚膜透光率会明显下降。为提高棚内果实品质，建议在果实采收前1个月，在树盘两侧各铺设1 m宽银白色反光膜，可使棚内光照度提高10%以上，将提高果实可溶性固形物1%～1.5%。

3.整形修剪技术方案

（1）培养多主干上架树形

目前采用避雨栽培的园区，多在易发生溃疡病的区域。在锯除感病部位后，如果再按照传统单干双主蔓树形培养，树形恢复慢，产量难以提升。可采取多主干上架方式，以快速恢复树冠。萌芽期在嫁接口以上选留3～4个壮芽培养成骨干枝直接上架，待其长度超过1.5 m时进行摘心，促使其充实形成花芽；嫁接口以下萌发的实生苗可适当保留1～2个，用作辅养枝，并在当年7—8月从基部疏除。

（2）防止更新枝缠绕上棚

实施避雨棚栽培后，更新枝极易沿大棚立柱或横梁进行缠绕，会显著增加冬季修剪难度。可在更新枝1 m长时及时进行绑缚，并在1.5 m长时进行掐尖控长。过于直立的旺盛更新枝应在40 cm长时保留3片叶进行重短截，促发二次枝培养成更新枝。

4.病虫害综合防控技术方案

（1）做好7次关键时期用药

实施避雨棚栽培后，溃疡病、早期落叶病发生率明显下降，周年用药次数可比露地栽培减少3～4次。根据气候变化，要重点做好早春蚜虫、叶蝉、红黄蜘蛛、介壳虫、根结线虫及灰霉病等病虫害防控，做好关键时期的用药。在萌芽期全园挂黄板并喷吡虫啉＋阿维菌素＋春雷霉素1次；花前全园喷吡虫啉＋咪鲜胺＋中生菌素＋氨基寡糖素1次；谢花后全园喷螺虫乙酯＋阿维高氯＋唑醚代森联＋氨基寡糖素1次；套袋前全园喷螺虫乙酯＋唑醚啶酰菌胺＋海藻激动素1次；采果前全园喷苯甲嘧菌酯＋阿维高氯＋钙硼锌肥1次；采果后全园喷可杀得三千1次；修剪后全园喷四霉素＋矿物油进行清园。

（2）调整好施药方法及浓度

避雨棚内温度较露地高，施药浓度应比露地降低1/3左右（尤其是药肥复配时），且喷药时重点喷施叶片背面。

5.绿色防控器械

（1）交流电杀虫灯

10～20台/667 m²。

（2）诱虫板

40张，黄、蓝、绿色比按2∶1∶1配备（图8-3-1）。

图 8-3-1　杀虫灯（左）和诱虫板（右）

训练任务

➡ 工具与场地准备

1. **工具准备**　准备好调查用的电脑或智能手机、笔、记录本。

2. **场地准备**　联系好红肉猕猴桃避雨栽培的校外基地。

➡ 任务安排

通过资料查阅和现场调查，了解红肉猕猴桃避雨栽培的配套技术方案。

➡ 任务要求

1. **实训准备**　通过资料查阅，了解红肉猕猴桃避雨栽培的技术特点。

2. **实训活动**　以小组为单位开展实训活动，调查了解红肉猕猴桃避雨栽培配套技术方案。

思考与练习

1. 红肉猕猴桃避雨栽培的施肥技术有哪些特点？

2. 红肉猕猴桃避雨栽培的水分管理有哪些特点？

3. 红肉猕猴桃避雨栽培的授粉管理技术与露地栽培有何不同？

4. 红肉猕猴桃避雨栽培的常用树形是什么？

5. 红肉猕猴桃避雨栽培的病虫害防治技术与露地栽培有何区别？

考核评价

红肉猕猴桃避雨棚管理实习

实习地点：

班级：＿＿＿＿ 组别：＿＿＿＿ 姓名：＿＿＿＿ 成员：＿＿＿＿

考核项目		内容	分值	得分
技能操作 （55分）	土肥水管理	对避雨棚中土肥水管理技术掌握不全面，施肥量和时间错误，灌水不及时，灌水时间把握不准确，土壤改良时间不准确，方法错误，每项酌情扣2～5分	15	
	花果管理	对避雨棚中花果管理方式不正确，时间把控不准确，操作不熟练，每项酌情扣2～5分	10	
	整形修剪	对避雨棚中整形修剪方法不当，时间把握不准确，操作不熟练，每项酌情扣2～5分	15	
	病虫害防治	对避雨棚中病虫害特点不清楚，防治时间不准确，用药种类和量不精准，每项酌情扣2～5分	15	
素质 （35分）	工匠精神	工作不认真，吃苦耐劳不够，酌情扣1～5分	5	
	纪律出勤	无故缺席扣5分，迟到早退每次扣1分，其他违纪情况酌情扣1～5分	5	
	"三农"意识	损坏果树、庄稼扣2～5分，文明用语不当扣2分	5	
	劳动意识	工作现场清理不到位扣2分，劳动任务完成不好扣3分	5	
	团结协作	无合作探究氛围，不互助互学，不合作解决问题，各扣1分	5	
	环保意识	乱丢乱扔垃圾扣2分，工作中损坏果树枝叶或不节约材料酌情扣1～5分	10	
反思 （10分）	作业总结	作业不认真、不规范，格式不符合要求，书面不整洁，不按时完成各扣2分；不及时完成问题处理与反思总结扣5分	10	
合计			100	
评价人员 签字	1. 任课教师： 2. 实习指导教师： 3. 专业带头人： 4. 园区（企业或行业）技术员：			

掌握红肉猕猴桃的病虫害防治技术

// **知识目标** //

　　1. 了解红肉猕猴桃主要病虫害种类及其防控技术；

　　2. 掌握红肉猕猴桃溃疡病、褐斑病、苹小卷叶蛾、桑白蚧的发生规律；

　　3. 掌握红肉猕猴桃病虫害综合防控知识与技术。

// **能力目标** //

　　能正确识别红肉猕猴桃常见病虫害，并能正确开展防控。

// **思政目标** //

　　1. 帮助学生树立热爱农业、热爱家乡的情怀和服务"三农"、振兴家乡的责任感，树立振兴我国猕猴桃产业的志向；

　　2. 帮助学生树立降碳环保、绿色发展、协调发展的意识；

　　3. 帮助学生培养吃苦耐劳、精益求精的工匠精神；

　　4. 培养学生预防为主、综合防治的病虫防治理念，树立食品安全责任感；

　　5. 培养学生团结协作、互帮互助的协作意识。

  **任务一　掌握红肉猕猴桃的病害防治技术**

任务目标

⊃ **知识目标**

　　1. 了解红肉猕猴桃侵染性病害种类及其防治方法；

　　2. 了解红肉猕猴桃非侵染性病害种类及其防治方法。

⊃ **能力目标**

　　1. 能正确识别红肉猕猴桃溃疡病、花腐病、根癌病、立枯病、疫霉病、根腐病、褐斑病、灰霉病、病毒病，并能正确防治；

　　2. 能正确预防红肉猕猴桃日灼病、冻害、缺素症状，并能正确防治。

🡆 能力目标

    1. 培养学生热爱家乡的情怀，树立振兴猕猴桃产业的志向；

    2. 培养学生热爱"三农"的情怀，树立服务"三农"的责任感；

    3. 培养学生安全生产、吃苦耐劳、精益求精的工匠精神；

    4. 培养学生降碳环保的生产习惯，树立"绿水青山就是金山银山"的环保理念；

    5. 培养学生预防为主、综合防治的病虫防治理念，树立食品安全责任感。

🡆 知识要点

1. 常见侵染性病害及防治

危害红肉猕猴桃的侵染性病害主要有细菌病害、真菌病害和病毒病害。

（1）细菌病害及其防治

①溃疡病

由丁香假单胞杆菌猕猴桃致病菌（*Pseudomonas syringae* pv. *morsprunorum*）引起。丁香假单胞杆菌是一种好氧、腐生性强、弱寄生菌，从植物体表各种伤口侵入，如冻伤、虫伤、雹伤及风雪伤等，主要从新伤口侵入，其次为旧病斑，是一种耐低温的细菌。红肉猕猴桃所有品种均表现感病，其中以红阳最易感染溃疡病。

危害症状：主要危害主干、枝蔓、芽，其次为叶片、嫩梢、花蕾和花等部位，果实不容易感病（图9-1-1）。春季萌芽前后（伤流期）出现菌脓，也有少量在休眠期出现菌脓。菌脓多在枝干分权处及树干表皮有破裂组织部位，或从落叶痕、芽眼、皮孔、伤口、剪口溢出，分泌物与树液顺着树干枝蔓流下，使其枝干腐烂，出现黑色不规则的1～3 mm圆形病斑。被害花蕾萎缩，萼片变褐随之干枯或脱落。被害

图9-1-1　红阳猕猴桃溃疡病枝干部初期（左）与后期（右）症状

新梢在基部 3 ~ 5 cm 处呈现黑色水渍状黑斑，并逐渐枯萎。最后整个新梢髓部变黑，逐渐萎蔫，主干裂皮现象严重（图 9-1-2、图 9-1-3）。

图 9-1-2 红阳猕猴桃溃疡病芽部症状

图 9-1-3 红肉猕猴桃溃疡病叶部正面（左）与背面（右）症状

传播、越冬及侵染：红肉猕猴桃溃疡病病菌远距离主要靠种苗、穗芽及花粉传播，近距离主要靠雨水飞溅、昆虫、农事操作传播，其次为气流传播。病菌主要在感病的主干枝蔓上越冬，或者附在病枝、病叶等残体上以及地面上越冬，成为来年初侵染源。侵染后一般在适宜的条件下，经过 3 ~ 5 d 即开始产生菌脓，经过不断重复侵染，扩展蔓延。

发生时期：病害发生始期在 10 月下旬至翌年 1 月下旬，症状表现高峰期 3 月下旬至 4 月中旬，病害缓慢期 4 月中旬至 4 月下旬，随着温度的升高，伤流期后病情逐渐缓慢，进行潜伏危害，其发病程度较轻，症状表现甚少。

病害发生的影响因素：主要有冻害、虫害、环境条件、树体营养、树体伤口等因素。冻害是诱发溃疡病的首要条件，病害发生与树体的冻害程度有密切关系。越冬休眠期，气温骤变，或低温时间长，使树体遭受冻害，病菌容易侵入，病害发生重。猕猴桃溃疡病的发生和温湿度也有关，低温、高湿、强光照射发病重。早春气温回升早，发病早，反之发病晚。早春降雨多，时间长，病害发生重。排水差和低洼潮湿园发病重。土壤过酸、过碱，使树体生长不良，易感染溃疡病。偏施氮肥、缺乏有机肥，园地土壤通透性差，瘦薄，导致树势弱，溃疡病发生严重。严重缺硼、缺磷，导致树体组织疏松，冻害严重，容易发病。农事操作和修剪中机械损伤越多，冬季修剪时间推迟，伤口愈合状况差，病菌容易侵入，病害发生重。另根据原四川省自然资源科学研究院副院长黄昭贤等历时 13 年研究，将溃疡病分类为生理性溃疡病、人为性溃疡病、细菌性溃疡病和蠹虫性溃疡病。其中蠹虫性溃疡病具隐蔽性、暴发性、持续性和部分毁灭性特点。经过 13 年的调查研究，提出小蠹虫是引起猕猴桃溃疡病灾害的元凶，并提出把蠹虫性溃疡病纳入猕猴桃溃疡病防控的首要任务。

防治措施：一是选择最佳区域种植。在年平均气温 15.2 ℃以上发展红肉猕猴桃为宜。二是严格加强检疫制度。严禁从病害发生区域调运和引入苗木、穗芽、花粉到无病区利用。同时，为避免农事操作带病传染，凡接触到病株的工具和手都要用酒精消毒。三是加强栽培管理，增强树势，提高抗病能力。建园时一定要对土壤进行彻底改良，要增加土壤有机质和团粒结构。常规管理中，增施有机肥和钾肥，避免偏施氮肥。在采果后每 667 m² 施农家肥 3 000 kg，加施钙镁磷肥 100 ~ 150 kg，或生物肥、多元复合肥 500 ~ 1 000 kg；生长季节每 667 m² 追施氯化钾或硫酸钾 15 ~ 20 kg，在展叶期喷施 0.2% ~ 0.3%磷酸二氢钾，果实膨大期喷施 0.2% ~ 0.3%硫酸钾，每隔 10 ~ 15 d 喷 1 次，连续喷 2 ~ 3 次。调控土壤 pH 值，使土壤达到微酸性，pH 值调控在 5.5 ~ 6.0。四是及时清除病株。春季溃疡病盛发期进行定时寻查，一旦发现感病较严重的病株要及时清除烧毁，控制病菌扩散。对个别初发微小病斑的植株及时刮除，涂上农用春雷霉素浆。五是落叶后及时修剪。冻害严重地区，可以常叶修剪，促使剪口早期愈合，减少病菌侵染途径，降低发病率。不能过度修剪，要减少伤口形成，并用波尔多液涂抹伤口。六是地面清园消毒。冬季修剪后及时清除地面各类残枝落叶和杂草，集中烧毁，消灭其越冬场所。七是加强防冻。建园选址要考虑背风或营造防风林。休眠期树干用质量比为硫酸铜：石灰：水：食盐 ＝1：2：10：0.1 的波尔多液浆刷白，或树干捆草包膜，或用 3 波美度石硫合剂涂树干。根颈部覆盖 20 ~ 30 cm 厚的草，或根颈堆土 20 ~ 30 cm，对根颈和树干进行防护。八是药剂防治。采果后（9 月上旬）在感病区域间隔 7 ~ 10 d 喷雾 75%绿亨 6 号 800 倍或四霉素 600 倍或春雷霉素 600 倍，连续喷施 3 ~ 4 次，交替使用。同时用氢氧化铜悬浊液或代森铵液 100 倍液涂树干。尤其在 9 月下旬至 11 月温度在 18 ~ 28℃时叶面喷药与树干涂喷结合对溃疡病防治更重要。冬季清园后喷 5 波美度石硫合剂，芽萌动期喷 2 ~ 3 波美度石硫合剂。立春后，在感病区域每隔 7 ~ 10 d 喷 75%绿亨 6 号 800 倍或其他素类农药，连续喷施 3 ~ 4 次。

②花腐病

由假单胞杆菌（*Pseudomonas viridiflava*）引起。所有红肉猕猴桃品种均表现感病。

危害症状：主要危害花和幼果。初期感病花蕾和萼片上呈现褐色凹陷斑，当病菌入侵到芽内部时，花瓣变为橘黄色，受害严重的花在蕾期即开始腐烂。受害不严重的花能开放，但是花药花丝由于病菌侵染变成褐色或黑色后腐烂。开放的病花呈褐色并开始腐

烂，花很快脱落。轻微受害的花还能结果，病菌从花瓣扩展至幼果上，引起幼果变褐萎缩，病果易脱落，受害轻的果实长成后很小，部分发育畸形（图9-1-4）。

图 9-1-4　红阳猕猴桃花腐病花（左）与幼果（右）症状

发病规律：病原菌广泛存在于树体的叶芽、叶片、花蕾和花中，发病常常受气候的影响，在花蕾期、开花期，如果遇到阴雨连绵或果园湿度大、气温低，该病发生则较重；枝条过密，树体荫蔽通风不良的果园发病较重。该病菌在果园内借风、雨水、昆虫和病残体传播，远距离主要依靠繁殖材料和花粉传播。病菌通过气孔和伤口入侵，除了危害花蕾和花，也危害叶和果，症状为褐色腐烂斑点，逐渐扩大，最终整叶、整果腐烂，叶凋萎下垂，果实脱落，严重受害的树表现症状常常与溃疡病在新梢上危害的症状相似。

防治措施：一是改善果园排水条件。要随时保证园区排水良好，土壤湿度不能大于田间相对持水量的80%。二是合理修剪。冬季修剪与夏季修剪时，均要注意疏除密、弱枝，改善果园及树体的通风透光条件。三是落叶后至萌芽前喷2～3次5波美度石硫合剂，萌芽至花期喷春雷霉素600倍液1～2次。

③根癌病

由根癌农杆菌（*Agrobacterium tume-faciens*）引起。所有红肉猕猴桃品种均表现感病。

危害症状：本病只危害根和根颈部。病菌侵入后根际症状为根瘤，根瘤先期呈乳白色，表面凹凸不平，病变组织呈菜花头，组织较松；后转为褐色至深褐色，组织木质化，坚硬。根癌发生后其地上部的症状主要表现营养不良，生长受阻，枝梢发育缓慢，枝梢短，枝蔓叶小黄化，果实小，品质差，树体衰弱（图9-1-5）。

图 9-1-5　红阳猕猴桃根癌病症状

发病规律：该病周年发病，逐年加重。病菌经伤口入侵，近距离通过土壤和病根残体传播，远距离通过苗木传播。

防治措施：一是不在已经种植过猕猴桃的地块育苗和建园。二是加强植物检疫，不种植带病苗木。三是发现病株带根彻底销毁，并用漂白粉对土壤消毒。四是防治好地下害虫，防止害虫伤根后病菌趁虚而入。五是药剂灌根，用 0.3 ～ 0.5 波美度石硫合剂，或 1∶1∶100 波尔多液，或春雷霉素 600 倍液，或 1 200 倍土霉素液，每隔 7 ～ 10 d 交替灌根 1 次。

（2）真菌病害及其防治

①立枯病

由半知菌亚门的立枯丝核菌（*Rhizoctonia solani* Kühn）引起，为红肉猕猴桃苗期主要病害。

危害症状：主要侵染幼苗，危害幼苗根颈部及其以上茎干和叶片。初期从根颈部发病，呈水渍状小斑，淡褐色，半圆形或不规则形，其后小斑扩大，根颈部皮层腐烂一周，地上部叶片萎蔫，病苗根的皮层腐烂而易脱落，仅保留木质部。叶部症状与幼茎相似（图 9-1-6）。

图 9-1-6　红阳猕猴桃立枯病症状

发病规律：该病以菌丝体或分生孢子在土壤中越冬，翌春菌丝体分化形成分生孢子器，孢子器内产生分生孢子。分生孢子借土壤、病残体随风雨传播，由细嫩组织侵入，引起发病。在常温（20 ℃）下高湿、根系渍水易感病，6—8 月高温干旱，地表温度过高烧伤幼苗根颈部，再进行过量灌水时能诱发此病。

防治措施：一是苗床应选择地势高、排水良好、土质疏松的地块，并在播种前 1 个月用 3 ～ 5 波美度石硫合剂对土壤进行消毒。苗圃底肥要施腐熟的有机肥，并用甲基硫菌灵处理。二是发病初期要及时清除病苗并烧毁，用 3 000 倍定酰菌胺或 1 000 倍甲基硫菌灵喷雾幼苗和表土；发病中期用戊唑醇 3 000 倍液喷洒幼苗和表土。三是加深苗圃排水沟渠深度，排除渍水，降低土壤湿害；随时保持土壤田间相对持水量 70%～80%，干旱时及时灌水。四是实施土壤覆盖和苗圃遮阳可有效减轻本病发生。

②疫霉病

由疫霉菌引起，有数个变种，主要由苹果疫霉菌（*Phytophthora cacterum*）、樟疫菌（*P. cinnamomi*）、侧生疫霉菌（*P. lateralis*）、大子疫霉菌（*P. megasperma* var. *megasperma*）等病菌引起。所有红肉猕猴桃品种均感病。

危害症状：主要危害红肉猕猴桃根，也危害红肉猕猴桃根颈、主干和细嫩枝蔓。病菌先危害根的外部，后扩大到根尖，有时也从根颈侵入，蔓延到茎干、细嫩枝蔓。病斑水渍状，褐色，逐渐扩大腐烂，有严重酒糟味，严重时病斑环绕茎干，引起主枝环剥坏死，延伸向树干基部。最终导致地上部萌芽延迟、叶片变小萎蔫、蔓梢尖死亡，严重则芽不萌发，或萌发后不展叶，最终植株死亡（图 9-1-7）。

图 9-1-7　红阳猕猴桃疫霉病根部（左）与叶部（右）症状

发病规律：该病属土传病，黏重土壤、排水不良或渍水时易发病，以春季至夏初（7—9月）为重。主要在高温、高湿季节发病，由病残体传播，接触传染。春天和初夏根在土壤中被侵染后菌丝体大量发生，然后形成菌核，4—5月和8—9月为发病高峰，10月以后随着地温下降而停止蔓延。

防治措施：一是选择良好的土壤建园，改善土壤团粒结构，增加土壤通透性。二是起垄高畦栽培，注意果园排水。三是不栽病苗，并在施肥时注意防止树根部受伤。四是在3月至5月中下旬用代森锌或敌磺钠 500 倍液浇灌根部 2～3 次，防止蔓延。五是及时刨除病树烧毁。根颈部局部小病灶，则刮除腐烂组织，用石硫合剂原液或甲基硫菌灵 300 倍液消毒，并换土。

③根腐病

由担子菌纲的密环菌（*Armillaria* sp. 与 *A. noual-zelandiae*）和假密环菌（*Armillaria* sp. *mellar*）引起，是红肉猕猴桃根际的重要病害，严重时造成植株毁灭。

危害症状： 初期在根颈部出现褐色水渍状病斑，逐步扩大后产生白色绢状菌丝。病部皮层和木质部逐渐腐烂，有酒糟味，菌丝大量发生后一周左右形成菌核，淡黄色，油菜籽大小，随后根系变黑色、腐烂，甚至整株猕猴桃死亡（图9-1-8）。

图 9-1-8　红阳猕猴桃根腐病症状

发病规律： 一般4月开始发病，7、8、9月发病最盛，在土壤黏重、通透性差和排水不良的果园中经常发生。病菌以菌丝体在病根和土壤中越冬，翌年春季树体萌动后病菌随农事操作、雨、水、地下害虫活动传播，从根系伤口或根尖侵入，遇高温、高湿性气候时发病。夏季久雨后突晴并连日高温，病株会突然出现萎蔫死亡。发病期间可以多次侵染，土壤黏重、排水不良、湿度过大的猕猴桃园发病重。本病通过劳动工具、雨水传播，也可通过地下害虫如蛴螬、地老虎等危害后造成伤口侵染。

防治措施： 一是建园时要因地制宜选择土壤肥沃、透水透气、排灌良好的田地建园。二是不栽植病苗和加强苗木消毒处理，定植深度不宜过深，不要施入未经腐熟的农家肥。三是加强果园管理，增强树势，提高树体抗性。四是用药防治，在3—6月间，用500倍敌磺钠和3 000倍戊唑醇交替灌根两次。五是发现病株带根彻底销毁，土壤用溴甲烷熏蒸消毒。六是依据树势合理负载，适量留果，保持树体健康。

④褐斑病

又名叶枯病，由子囊菌中的小球腔菌（*Mycosphaerella* sp.）引起，主要危害猕猴桃叶片，严重时可引起叶片大量脱落。所有红肉猕猴桃品种均感病。

危害症状： 本病主要危害红肉猕猴桃叶片，也危害枝干和果实。褐斑病在红肉猕猴

桃抽梢、现蕾、展叶期，叶片出现斑点，多在叶片边缘产生近圆形暗绿色水渍状斑点，随气温升高，叶部斑点逐步增多、扩大，7月中、下旬叶缘及叶面产生大量不规则大褐色病斑，病斑四周呈深褐色，中部浅褐色，叶背面黑褐色粒状，病斑常呈三角形、放射状、多角形混合斑，常常多个病斑相互混合形成极不规则的大枯叶褐色病斑，从而造成叶片卷曲破裂，干枯而脱落（图9-1-9）。枝干受害后可导致枝蔓枯死、幼果脱落。果实受害后果面先呈现淡褐色小点，后呈现不规则褐色病斑，果皮干腐，果肉腐烂。

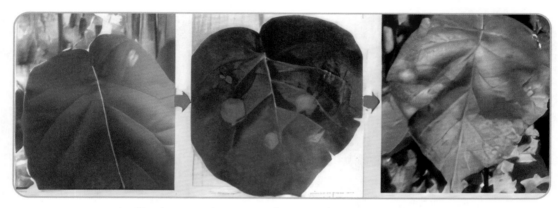

图9-1-9　红阳猕猴桃褐斑病症状发展过程

发病规律： 本病是红肉猕猴桃主要叶面病害，有多种诱发因素。一是建园时改土差，未彻底深翻熟化，土壤透气性差。二是排水沟渠不畅，果园渍水。发生褐斑病的果园绝大多数地下水位高，60 cm深处可见积水，加之果园排水沟渠少，沟渠浅而窄，不能及时排出果园积水，猕猴桃园湿度大，造成根系生长不良，影响植株健康。三是间作不合理，有良好的病害寄主环境。成年猕猴桃园间作高秆作物和果园周围大量的梨、苹果等作物，既造成果园通风透光性不良，又为病原转主寄生创造了条件。四是施肥不当，植株生长不良。偏施氮肥，施肥时间、方法不当造成根系大量损伤，导致树体生长发育不良，抗逆性降低。五是过量负载，树体衰弱。留果过多，大量消耗树体营养，枝梢抽发差，叶片小而薄，较易感病。

防治方法： 一是加强修剪和清园。夏季修剪剪除过密枝、病虫枝，改善树体通透性；冬季修剪后及时清园，将枯枝、落叶清除干净并集中烧毁，浅翻园地并用1∶1∶200波尔多液喷洒园地，减少病源基数。二是清理和加深排水沟渠，确保果园排水畅通，降低果园湿害。三是合理间作，清除猕猴桃园杂草及四周病原寄主植物。四是合理施肥。基肥在采果后立即施入，壮果肥在5月31日前施入，N、P、K配方施用，适量补充Ca、Zn、B等微量元素肥料，施肥采取环状或穴施，少伤根系。五是合理负载，注意合理疏花疏果，根据树龄树势合理确定留果量。六是冬季修剪后至开花前（1月中旬至3月下旬），树冠喷洒5波美度石硫合剂3次，压低病源基数。七是冬季用石灰浆（质量比为石灰∶动物油∶食盐∶水＝3∶0.3∶0.3∶10）进行树干涂白。八是萌芽前和谢花后15 d用50％甲基托布津可湿性粉剂 1 200 倍液进行树冠喷雾，作基础防治。整个生长季节可选用 50%甲基托布津可湿性粉剂、50%腐霉利可湿性粉剂、80%大生 M-15 可湿性粉剂等杀菌剂进行交替防治。

⑤灰霉病

本病为半知菌葡萄孢菌（*Betrytis cinerea* Person）引起，主要危害红肉猕猴桃花、枝条和果实。所有红肉猕猴桃品种均感病。

症状：本病发生时首先从花上开始侵染，后逐渐侵染果实。果实发病后，先从果蒂长出灰色霉菌，初期为水渍状，后逐步霉变呈黑褐色，果实变软腐烂。枝条感染后表面长出一层灰色霉菌（图 9-1-10）。

图 9-1-10 红阳猕猴桃灰霉病叶片（左）与幼果（右）症状

发病规律：4—5 月以分生孢子菌丝侵染红肉猕猴桃花，后侵染细嫩枝蔓和果实。受害花表现不明显，枝条受害表现症状也轻，只在细嫩部分出现灰色霉层。危害果实时，先从果蒂部长出灰色霉菌层，最初为水渍状点，后期变为黑褐色，果实逐渐软腐，有机械伤的果实最易发生。

防治方法：一是加强冬季用药，生长季节随时摘除病果，减少传染源。二是合理修剪以通风透光，合理负载，增施有机肥，增强树势和树体抗病能力。三是严格检疫，防止蔓延。四是化学防治，早春用 1 000 倍甲基硫菌灵或 3 000 倍定酰菌胺进行防治。果实采收前 1 个月用腐霉利 2 000 倍液对果树和果实喷雾灭菌。

（3）病毒病及其防治

迄今发现和报道的猕猴桃病毒病有苹果凹茎病毒（Apple stem grooving virus，ASGV）、长叶车前草花叶病毒（Ribgrass mosaic virus，RMV）、猕猴桃属马铃薯 X 病毒组（Actinidia potexvirus，AVX）、柑橘叶斑病毒（Citrus leaf blotch virus，CLBV）、猕猴桃病毒［Actinidia virus A（Vitivirus），A AVA］、猕猴桃病毒［Actinidia virus B（Vitivirus），B AVB］、苜蓿花叶病毒（Alfalfa mosaic virus，AMV）、黄瓜花叶病病毒

（Cucumber mosaic virus，CMV）、黄瓜坏死病毒（Cucumber necrosis virus，CNV）等。由于病毒的入侵，导致猕猴桃植株长势变弱，在生产上常常出现无故卷叶、叶黄斑现象，果实小，品质差。

防治措施：①栽植无病毒苗木。②及时发现，及时清除。③修剪完病株后用70%的酒精消毒修剪工具，以免通过工具传染。

2. 非侵染性病害种类及防治

非侵染性病害也称为生理病害，主要包括缺素症、单元素中毒症、药害，以及非正常自然因素导致的生理发育不正常和生长异常。

（1）营养缺素症的表现症状及其防治

①缺氮（N）

主要表现为老叶先黄化，逐步向幼叶发展，最终所有叶片呈现均匀的脉间淡绿色至黄色失绿，仅留叶脉不变（图9-1-11）。当植株体内干物质含氮低于1.5%时，即可出现缺素症状。缺氮时树体生长减慢，植株较小，果实发育受阻，比正常果实小。一般超负载果园、沙地果园、石骨子地（未经充分风化熟化的紫色页岩土）、贫瘠地缺氮发生的相对较重。严重缺氮时，首先老叶在叶尖产生枯斑，然后沿叶缘向叶基部发展，造成叶缘坏死组织上卷。

图9-1-11　红阳猕猴桃缺氮症状

防治方法：一是土壤补充氮肥。盛果期园参考用量为尿素 1 ~ 1.5 kg/ 株，兑足水隔 15 ~ 30 d 1 次，连施 2 ~ 4 次。二是在萌芽前和谢花后及时进行根外追肥，参考肥料为尿素，用 0.2% ~ 0.3% 的尿素液喷洒。

②缺磷（P）

红肉猕猴桃轻度缺磷时植株生长缓慢，茎干瘦弱，叶片小。严重缺磷时，生长受到严重抑制，表现为老叶首先出现脉间褪绿，呈浅红色，逐步从叶尖向中部和基部发展，后中脉和叶片基部变红，叶边缘部分呈现葡萄酒颜色。叶面泛蓝紫色光，叶向背面微翻卷。植株体内干物质含磷量低于0.12%时，即可出现缺素症状（图9-1-12）。

图9-1-12　红阳猕猴桃缺磷症状

防治方法：一是土壤补充磷肥。盛果期园参考用量为过磷酸钙2 000 kg/667 m²，经充分与农家肥混合腐烂熟化后做基肥施入。二是进行根外追肥，参考肥料为磷酸二氢钾混合液，在生长季节用0.2%～0.3%的磷酸二氢钾连续喷洒3～4次。

③缺钾（K）

红肉猕猴桃缺钾时，先期表现为萌芽展叶生长缓慢，脉间失绿，叶片边缘白天向上轻微卷曲，晚上恢复正常。严重缺钾时，果实变小，果皮颜色黄化，果肉颜色变淡，芽发育不饱满，老叶叶缘首先变褐上卷，并快速向基部延伸，失绿组织与健康组织间的界限不明显，其后失绿组织由叶缘开始焦枯，呈火烧状，高温季节更明显。病叶提前脱落。当植株体内干物质含钾低于2%时，即可出现缺素症状（图9-1-13）。

图9-1-13　红阳猕猴桃缺钾症状

防治方法：一是在土壤中施入氯化钾或硫酸钾，盛果期园参考用量是 25 ~ 30 kg/667 m²。二是进行根外追肥，参考肥料为 0.2% ~ 0.3% 的磷酸二氢钾混合液在生长季节连续喷洒 3 ~ 4 次。

④缺钙（Ca）

首先在新成熟叶的基部叶脉表现颜色暗淡，坏死，然后向幼叶扩展，叶缘向上微微卷曲，坏死叶脉被脉间组织包围，甚至落叶，也称鸡爪状病（图 9-1-14）。缺钙还影响根系生长发育，缺钙植株的根系发育不良，发根量少，根短，根尖枯死，从而导致根系真菌病害发生。当植株体内干物质含钙低于 0.2% 时，即可出现缺素症状。

图 9-1-14　红阳猕猴桃缺钙症状

防治方法：一是土壤施钙肥。酸性土壤可施石灰，提高土壤钙的含量。中性和偏碱性土壤则施入磷酸钙、硝酸钙，盛果期园参考用量是 10 kg/667 m²。二是叶面喷钙。在生长季节用 0.5% 氨基酸钙喷洒树冠。

⑤缺硼（B）

红肉猕猴桃栽培要求土壤 pH 值在 5.5 ~ 6.5，低 pH 值土壤环境条件下易出现缺硼。红肉猕猴桃缺硼时，幼叶中心呈现小且十分规则的黄色暗斑，随后扩大至暗斑之间连接，在叶脉两侧形成大的黄化斑块，一般叶缘能保持正常，脉间组织隆起，幼叶加厚且扭曲变形（图 9-1-15）；严重缺硼时，枝蔓生长受到抑制，节间变短臌胀，植株矮化，出现"藤肿病"。缺硼的土壤多数缺磷，"硼磷双缺"是诱发猕猴桃溃疡

图 9-1-15　红阳猕猴桃缺硼症状

病的原因之一。缺硼的猕猴桃树花器发育不良，直接影响授粉受精，使果实种子少，果实变小而硬。当植株体内干物质含硼低于 20 mg/kg 时，即可出现缺素症状。

防治方法：一是土壤施硼。按每 667 m² 猕猴桃果园 1 kg 硼砂，拌细土均匀撒施于果园表面即可。二是根外追施硼肥。在萌芽期和盛花初期用 0.2% 的硼酸液均匀喷洒树冠，既能提高猕猴桃果实坐果率，又能缓解或解决缺硼症。

⑥缺镁（Mg）

土壤 pH 值较高时，易引发红肉猕猴桃缺镁症，一般出现在红肉猕猴桃生长季中期的 6—8 月间。叶脉正常，叶脉间出现浅黄绿褪色。老叶出现明显斑马纹。失绿组织与健康组织间的界限较明显（图 9-1-16）。当植株体内干物质含镁低于 0.1% 时，即可出现缺素症状。

图 9-1-16　红阳猕猴桃缺镁症状

防治方法：一是生长季节土壤施用速效性的硫酸镁或水镁矾，盛果期猕猴桃园参考用量是 2 kg/667 m²。二是叶面喷硫酸镁，浓度 0.3%～0.5%，隔周 1 次，连喷 3～5 次。三是秋季施基肥时加入钙镁磷肥。

⑦缺锌（Zn）

红肉猕猴桃缺锌时，叶脉保持深绿色，老叶上出现脉间鲜亮黄色褪绿，叶缘较重，深绿色的叶脉与鲜亮黄色褪绿形成鲜明对比，这是缺锌症区别于其他缺素症褪绿的典型特征。其次缺锌还表现猕猴桃叶片窄长而小，通常又叫小叶病（图 9-1-17）。缺锌还影响猕猴桃根系生长和发育。磷与锌有相互拮抗现象，磷能降低土壤中锌的有效性，土壤中有效磷含量过多往往也导致果园缺锌。当植株体内干物质含锌低于 12 mg/kg 时，即可出现缺素症状。

图 9-1-17　红阳猕猴桃缺锌症状

防治方法：一是土壤施硫酸锌，按 3 kg/667 m² 标准将硫酸锌与基肥拌匀施入土壤。二是猕猴桃果实套袋后，用 0.3% 硫酸锌叶面喷施 2 ~ 3 次，间隔 7 ~ 10 d 1 次，不套袋果实叶面喷施硫酸锌会造成果面黑点，破坏其商品性。

⑧缺铁（Fe）

红肉猕猴桃铁缺乏首先表现在幼叶上。幼叶呈现淡黄色或黄白色脉间失绿，老叶绿色正常。缺铁较重时，先从幼叶叶缘起向主脉扩展，后可使枝蔓上的全部叶片失去绿色而整株黄化。缺铁极其严重时，叶片连叶脉都失绿黄化或白化，叶片极薄，易脱落，果实小而硬，果皮粗糙（图 9-1-18）。石灰岩土、高 pH 值土壤环境条件下红肉猕猴桃易出现较重的缺铁症状。当植株体内干物质含铁低于 60 mg/kg 时，即可出现缺素症状。

图 9-1-18　红阳猕猴桃缺铁症状

防治方法：一是多施农家肥，并结合农家肥沤肥时加入硫酸亚铁（参考量为 5 kg/667 m²）进行堆沤发酵后作基肥施入，既能降低土壤 pH 值，又能补充土壤中有效铁元素。二是生长季节土壤中加施酸性肥料硫酸铵、硝酸铵等，降低土壤 pH 值，释放土壤中的铁元素。三是在幼果套袋后叶面喷施硫酸铁铵，浓度为 0.3%～0.5%，间隔 15 d 左右 1 次，连续 3～5 次。

⑨缺铜（Cu）

缺铜初期症状为幼叶失绿，呈淡绿色褪色，随后在脉间加重，网状支脉仍保持正常绿色。严重缺铜时，叶片呈白色，极易脱落（图 9-1-19）。缺铜常常导致植株矮小。当植株体内干物质含铜低于 3 mg/kg 时，即可出现缺素症状。

图 9-1-19　红阳猕猴桃缺铜症状

防治方法：一是土壤施肥时结合施入铜盐。二是结合防病，叶面施用波尔多液，可防治与减轻症状。

⑩缺锰（Mn）

红肉猕猴桃缺锰主要表现在叶片出现浅绿色至黄色脉间褪绿，褪绿先从叶缘开始，逐步在主脉间扩展并向中脉发展，严重时会在叶脉两侧可见一小块健康组织，支脉间组织向上隆起，叶面光亮如涂蜡质（图 9-1-20）。

防治方法：一是多施农家肥，改良土壤，使土壤 pH 值维持在 6.5 以下。二是幼果套袋后叶面喷施 0.3%～0.5% 的硫酸锰，每间隔 15 d 1 次，连续 3～5 次。

图 9-1-20　红阳猕猴桃缺锰症状

（2）元素中毒症的表现症状及其防治

①硼中毒

叶片叶脉正常，脉间褪绿，脉间组织隆起，叶片通常增厚，表面粗糙，先叶缘向下或向上卷曲，叶脉间颜色由褐色变成银灰色，叶脆极易破裂。果心变褐失去生长而坏死，果实有苦味，不耐贮藏。当叶面硼含量达到 100 mg/kg 叶片干物质含量时，就表现中毒。

防治方法：一是增加土壤有机质含量，保持土壤 pH 值于 6 ~ 6.5。二是土壤灌水。

②铁中毒

铁中毒主要发生在土壤酸性较大的果园。其症状表现出为老熟叶边缘褪绿，逐渐出现组织坏死，叶缘变褐微卷曲，落叶。

防治方法：增加土壤有机质含量，过酸土壤施石灰调高土壤 pH 值，保持土壤 pH 值于 6 ~ 6.5。

③氯中毒

红肉猕猴桃氯中毒时首先是老叶叶缘呈现青铜色褪绿，进一步加重后出现叶脉间组织坏死。幼叶表现为叶色变淡，叶缘呈蝶状卷曲。

防治方法：一是土壤施肥避免施用氯化钾等含氯肥料。二是植株出现氯中毒时用大量清水灌溉，可洗去土壤氯盐。

④锰中毒

锰中毒的典型症状是叶片沿主脉两侧出现密集的小黑点。发病初期叶色灰暗，多呈蓝灰色，严重时大片叶面出现米黄色坏死斑。本病多发生于土壤过酸且排水不良的果园。

防治方法：增加土壤有机质含量，过酸土壤施石灰调高土壤 pH 值，保持土壤 pH 值于 6 ~ 6.5。

3. 自然灾害导致的伤害及其防治

大自然中强风、暴雨、冰雹、干热风、低温、霜冻等灾害性天气，常导致红肉猕猴桃受到伤害，建园选址时应该避免。

（1）冻害

冻害也称为冷害和寒害。红肉猕猴桃耐寒性较弱，一般休眠期遇 –5 ℃以下低温就极易遭受冻害。休眠季节的冻害表现为枝干开裂，枝蔓失水，芽受冻发育不全、不能萌发。如果温度过低或冬季干旱，又无防寒、防风条件时枝梢还会出现冻枯现象（图 9-1-21）。

红肉猕猴桃在萌芽后生长初期，最易遭受晚霜冻的危害，早春的嫩梢遇到 ≤ 1℃的低温时，就会受到冻害。主要表现为芽受冻，芽内器官不能正常发育，或已发育的器官变褐、死亡，导致芽不能正常萌发；晚霜引起萌发的嫩梢、幼叶初期呈水渍状，随后变成黑色，死亡，影响开花结果和当年的产量。

持续长时间低温、低湿度和大风会加重红肉猕猴桃的冻害，会导致枝蔓严重失水干枯，或大枝干纵裂，甚者地上部死亡。休眠期低温冻害和早春"倒春寒"的冻害，常常诱发猕猴桃溃疡病大量发生。

图 9-1-21　红阳猕猴桃叶（左）、主干（中）、植株（右）冻害危害状

预防或减轻冻害的方法：随时关注天气预报，在预报有大幅度降温时，可及时采取以下措施预防或减轻冻害的发生。一是向树体上喷水。二是果园熏烟。三是喷防冻剂，在冬季修剪后和早春树冠喷雾螯合盐制剂、乳油乳胶制剂、高分子液化和可降解塑料制剂和生物制剂等防冻剂能有效预防冻害。四是保持冬季和春季树干、主蔓涂白，或用稻草、麦秸等秸秆将树干包裹好，外包塑料膜，两者并用可有效预防冻害。五是选用抗寒砧木，如软枣猕猴桃、狗枣猕猴桃和葛枣猕猴桃等。六是根颈培土保温，可有效地防止冻害发生。

（2）沙尘暴

沙尘暴主要发生在红肉猕猴桃展叶、抽梢、开花期的春季，其危害主要是对花器、枝叶造成损伤，并在面上留下厚厚的浮尘，影响授粉受精和植株光合作用。

减轻和降低沙尘暴危害的方法：一是建设防护林，高大的防风林是最有效的防护措施，是建园时必须考虑的环节。二是沙尘暴后及时向树冠喷水，冲刷掉浮尘。

（3）暴风雨和冰雹

暴风雨和冰雹的危害主要是使嫩枝折断，叶片破碎或脱落，导致当年和翌年的花量和产量减少。严重时刮落或打烂果实，或使果实因风吹摆动擦伤，失去商品价值。

预防措施：一是选址时避免在灾区建园。建园时，一定要避开经常发生暴风雨和冰雹的地区。二是已建成的果园应用防暴雨、防冰雹设施防御。在常有暴风雨和冰雹发生地区的大型红肉猕猴桃园，生长季节要特别注意当地的天气预报，及时组织安装防暴雨、防雹设施，如火炮、引雷塔和飞机等。

（4）日灼

按照标准化栽培模式，即采用大棚架的果园，一般不会发生果实和枝蔓的日灼病。T形和篱笆形架，常有果实外露现象，会出现日灼发生现象（图 9-1-22）。红肉猕猴桃果实特别怕直射的强烈日光，在 5—8 月未套袋果实在阳光下直接暴晒，就会发生严重日

灼。症状为受害部皮色变深，皮下果肉变褐不发育，形成凹陷坑，有时有开裂现象，病部易继发感染其他等真菌病。

图 9-1-22　红阳猕猴桃果实（左）与叶片（右）日灼

预防措施：一是建园选大棚架，修剪时合理留枝蔓，枝蔓不能太稀。二是谢花后对果实进行套袋遮阴，以降低日灼的发生率，提高商品果率。

（5）涝灾

涝灾分暴风雨和连阴雨两种。主要引起土壤湿度过高和空气湿度过大，导致根系呼吸不良，容易发生根腐病，长期渍水后叶片黄化早落，严重时植株死亡（图 9-1-23）。幼果期如遇久旱，而膨大期遇连绵阴雨，裂果常有发生。

图 9-1-23　红阳猕猴桃洪涝灾害

预防措施：一是建园时必须设置主、次排水沟渠，沟渠深度和宽度达至建园标准。遇洪涝天气即时疏通排水沟渠，做好排水工作。二是在猕猴桃园干旱时及时灌水，使树体保持在一个较稳定的水分状态下（田间持水量 60% ~ 80%），从而避免时而缺水、时而过度吸胀对生长的不良影响。

训 练 任 务

⮕ **工具与材料准备**

　　1. 工具准备　准备好网络学习的笔记本或智能手机、笔和植物保护机械。

　　2. 材料准备　准备好农药。

⮕ **任务安排**

　　学生以学习小组开展实训。

⮕ **任务要求**

　　1. 实训准备　实训前学生通过网络平台学习红肉猕猴桃病害识别与防治知识；实习指导教师提前联系好实习基地。

　　2. 实训活动　学生以小组在基地识别红肉猕猴桃病害，找出实习园区的病害种类，并进行相应的防治工作。

　　3. 问题处理　总结实习基地红肉猕猴桃的主要病害种类及其防治方法和时间。

思 考 与 练 习

　　1. 如何预防红肉猕猴桃溃疡病？

　　2. 红肉猕猴桃褐斑病如何防治？

　　3. 果园积水的危害有哪些？

考核评价

红肉猕猴桃病害识别与防治实习

实习地点：

班级：_____ 组别：_____ 姓名：_____ 成员：_____

考核项目		内容	分值	得分
技能操作 （55分）	侵染性病害	对红肉猕猴桃溃疡病、花腐病、立枯病、疫霉病、褐斑病、灰霉病不能准确识别，防治药剂选择错误，防治时间不准确，每项酌情扣2～5分	30	
	非侵染性病害	对红肉猕猴桃缺氮、缺磷、缺钾、缺铁、缺锌、缺钙、缺锰不能准确识别，对红肉猕猴桃涝害、风害、日灼不能及时防控，每项酌情扣1～2分	25	
素质 （35分）	工匠精神	工作不认真，吃苦耐劳不够，酌情扣1～5分	5	
	纪律出勤	无故缺席扣5分，迟到早退每次扣1分，其他违纪情况酌情扣1～5分	5	
	"三农"意识	损坏果树、庄稼扣2～5分，文明用语不当扣2分	5	
	劳动意识	工作现场清理不到位扣2分，劳动任务完成不好扣3分	5	
	团结协作	无合作探究氛围，不互助互学，不合作解决问题，各扣1分	5	
	食品安全意识	缺乏食品安全意识，使用违禁农药，或用药过量、不足，酌情扣2～5分	5	
	环保意识	乱丢乱扔垃圾扣2分，工作中损坏果树枝叶或不节约材料酌情扣1～5分	5	
反思 （10分）	作业总结	作业不认真、不规范，格式不符合要求，书面不整洁，不按时完成各扣2分；不及时完成问题处理与反思总结扣5分	10	
合计			100	

续表

考核项目	内容	分值	得分
评价人员 签字	1. 任课教师： 2. 实习指导教师： 3. 专业带头人： 4. 园区（企业或行业）技术员：		

 任务二　掌握红肉猕猴桃的虫害防治技术

知识目标

1. 了解危害红肉猕猴桃的主要地上害虫及防治方法；

2. 了解危害红肉猕猴桃的主要地下害虫及其防治方法。

能力目标

1. 能识别蛾类、介壳虫类、金龟子类、蝽类、叶蝉类、叶甲类害虫，并能正确防治；

2. 能识别蝼蛄、地老虎、根结线虫，并能正确防治。

思政目标

1. 培养学生热爱家乡的情怀，树立振兴猕猴桃产业的志向；

2. 培养学生热爱"三农"的情怀，树立服务"三农"的责任感；

3. 培养学生安全生产、吃苦耐劳、精益求精的工匠精神；

4. 培养学生降碳环保的生产习惯，树立"绿水青山就是金山银山"的环保理念；

5. 培养学生预防为主、综合防治的病虫防治理念，树立食品安全责任感。

知识要点

危害红肉猕猴桃的害虫种类多，大致可分类为蛾类、金龟子类、叶蝉类、介壳虫类、蝽类、叶甲类和地下害虫类。

1. 蛾类

主要有苹小卷叶蛾、桃白小卷蛾、黄斑长翅卷叶蛾、枣镰翅小卷蛾、角纹卷叶蛾、核桃缀叶螟、葡萄天蛾、东方蝙蝠蛾、木蠹蛾、豆天蛾等。蛾类害虫属鳞翅目，以幼虫危害红肉猕猴桃的叶、芽、蕾、花、幼果和幼嫩枝蔓，常造成植株叶、芽、蕾、花和嫩枝蔓残缺不全，果实受害后失去商品价值。蛾类幼虫食性杂，有多种植物转主危害特性。

（1）生活习性及危害症状

卷叶蛾类一年可发生数代。以卵或蛹潜藏在树皮裂缝、枝干分叉处、卷叶内、土壤表层、老树皮和翘皮下越冬，次年春季红肉猕猴桃萌芽时开始孵化，以幼虫危害芽、花蕾、嫩叶嫩枝蔓。树上有果实后，幼虫啃食果皮，有时也啃食果肉，造成果面虫伤或落果，严重影响果品的商品价值和产量。老熟幼虫在卷叶内化蛹。成虫有鳞翅，会迁飞，以吸食露水为生，不危害红肉猕猴桃。成虫白天隐藏于叶背处或果园杂草丛中，夜晚活动。具有较强的趋光性和趋化性。常常产卵于红肉猕猴桃或其他寄主植物的叶面、叶背或果面上。产卵后在寄主的卷叶内、土壤里、老树皮和翘皮下作茧化蛹。主要以幼虫危害叶片与嫩枝蔓，一般不危害花和果实。蛾类幼虫食量大可将叶片蛀食成大孔洞或将整片叶片食尽，仅残留部分粗脉与叶柄，大量发生时可将整株植物啃食成光杆（图9-2-1）。

图9-2-1　苹小卷叶蛾成虫（左）与果实受害症状（右）

（2）防治措施

一是常年树干刷白，冬季修剪后及时清除枯枝蔓和落叶，并集中烧毁或腐熟，刮除老树皮、翘壳，集中烧毁，消灭树体上的越冬虫源。二是树芽萌动后、展叶期、开花后和果实套袋前这4个关键时期分别及时喷布苏云金杆菌，或白僵菌粉剂，或20%毒死蜱3 000倍液，或20%亩旺特乳剂2 000倍液，交替使用上述药剂，避免害虫产生抗性。三是用赤眼蜂等天敌进行生物防治。四是猕猴桃园内可悬挂糖醋液诱杀成虫。五是安装太阳能频振灯诱杀成虫。

2. 介壳虫类

主要有桑白蚧、糠片蚧、矢尖蚧，对红肉猕猴桃的危害较大。危害严重时，在枝蔓表面形成凹凸不平的介壳层，削弱树势，导致枝蔓枯萎或整株死亡（图9-2-2）。

图 9-2-2　桑白蚧在红肉猕猴桃枝蔓（左）与果实（右）上的为害症状

（1）生活习性和危害症状

介壳虫类一年发生数代，集中发生 2 代，4—6 月和 9—10 月是介壳虫发生的集中期。主要以雌性成虫和若虫附着在树干、枝蔓和果实上，以刺吸式口器吸食树干、枝蔓和果实的汁液而危害。雌性介壳虫多集中分布，移动性差。介壳虫多以雌性成虫方式在树干、枝蔓上越冬。桑盾蚧以受精雌虫在枝蔓上越冬。糠片蚧则以若虫和少数成虫在树枝蔓枯叶上越冬。雌性成虫和若虫因被有蜡质介壳，药液难以渗透，防治时应选择内吸式农药并在其两个集中孵化期进行重点防治。

（2）防治措施

一是加强检疫，不引进和栽植虫苗。二是冬季修剪后，用草把或刷子擦掉树干和枝蔓上的介壳虫，并将修剪枝蔓集中处理，消灭虫源。三是冬季刮除树干基部的老皮、翘壳，集中烧毁。四是修剪后至萌芽前喷布 5 波美度石硫合剂 3 次。五是生长季节的 4—6 月和 9—10 月两个介壳虫集中发生期用下列药物交替防治，20% 亩旺特乳剂 2 000 倍液，或 25% 噻嗪酮可湿性粉剂 1 500 ~ 2 000 倍液，或 40% 的毒死蜱 2 000 ~ 3 000 倍液喷雾，可消灭若虫。六是生长季喷施环保型轻乳油，在虫体表面形成一层空气隔层，致其窒息而死。

3. 金龟子类

主要有苹毛金龟、茶色金龟、小青花金龟、小绿金龟等。

（1）生活习性和危害症状

金龟子食性很杂，幼虫和成虫均能危害红肉猕猴桃。成虫主要啃食叶、花蕾、幼果及嫩梢，幼虫啃食植物的根皮和嫩根。危害后造成被害部位缺刻和孔洞。金龟子在夜间取食，白天就地入土隐藏，具有假死性。其生命周期为 1 年 1 代，以幼虫入土越冬。一般 4—6 月出土危害地上部，此时为防治最佳时机。随后交尾，入土产卵。7—8 月幼虫孵化，并在地下危害植物根。冬天以 3 龄幼虫或成虫状态，在深土层造土窝越冬（图 9-2-3）。

图 9-2-3　苹毛金龟子成虫（左）与幼虫（右）

（2）防治措施

一是利用金龟子成虫的假死性，在其集中危害期，于傍晚、黎明时，摇动树干、枝蔓，将虫振动落地，收集消灭。二是利用金龟子成虫的趋光性，安置频振灯诱杀。一般 3 hm² 安装一盏频振灯，金龟子扑灯时触及高压而死。三是利用成虫的趋化性，在其集中危害期，放置糖醋药饵诱杀。四是冬季和早春中耕园土，让其越冬虫体受冻而死。五是化学药剂防治。用 10％吡虫啉可湿性粉剂 3 000 ～ 4 000 倍或 20％亩旺特 2 000 ～ 3 000 倍液，于金龟子发生期喷雾。冬季用 5％丁硫克百威按 2 kg/667 m² 拌细土均匀撒施果园地表。

4.蝽类

主要有麻皮蝽、菜蝽、长喙蝽等。若虫、成虫均能危害，均以刺吸式口器吸取植物的汁液为生。主要危害植物的叶、花蕾、果实和嫩梢（图 9-2-4）。

（1）生活习性及危害症状

上述三类蝽象有翅，能迁飞。一年发生 1 ～ 2 代，常以成虫在老树皮、墙缝、杂草、落叶和土壤缝隙里越冬。植物受害后，局部组织停止生长，干枯成瘢，硬结，凹陷。叶片受害后常局部失绿不能有效进行光合功能，果实受害后果面硬结，凹陷失去商品价值。介于其前胸有盾片，后背有硬基翅，触杀剂难以渗透，防治时多选用内吸式农药。

图 9-2-4　蝽象若虫（左）与成虫（右）

（2）防治措施

一是冬季清除干枯枝蔓、落叶和杂草，刮除树皮，进行沤肥或焚烧。二是利用成虫的假死性和趋化性，在集中发生期进行人工捕捉或用糖醋药液诱杀。三是在大发生之年秋末至冬初，成虫寻找缝隙和趋向温度较高的建筑物内准备越冬之际，定点垒砖垛，砖垛内设法升温，加或不加糖醋化诱剂，砖缝中涂抹黏虫不干胶，黏捕越冬成虫，减少翌年虫口基数。四是20%亩旺特3 000倍液，或20%阿力托乳油3 000倍液喷雾。

5. 叶蝉类

主要有桃二星叶蝉、小绿叶蝉、短头叶蝉等，属同翅目叶蝉科，刺吸式口器。叶蝉（图9-2-5）又名浮尘子，形体小，会跳跃，有翅，能迁飞。

（1）生活习性及危害症状

一年发生多代，在植物的整个生长期都危害。主要危害红肉猕猴桃叶、嫩梢、花蕾和幼果。被害部呈现苍白斑点，严重时多斑连片呈黄白色失绿斑，最终焦枯死亡脱落。若虫在4月开始活动，6月中旬出现第一代成虫，8月中下旬发生第二代成虫。9月下旬至11月中旬发生第三代成虫。以7—9月为集中防治期。常产卵于叶背主脉中，幼虫孵出后钻出叶脉，留下一条褐色缝隙。虫口基数大时，使叶背破缝累累。

图9-2-5 叶蝉

（2）防治措施

一是保持果园在整个生长期园地清洁，除去杂草。冬季清园，减少虫口基数。二是及时抹芽、引蔓上架、绑梢、疏枝蔓，使枝蔓分布合理，不密集，减少危害。三是在5月下旬和6月上旬第一代虫口密度发生时集中用药防治。参照金龟子和蜡类用药。

6. 叶甲类

主要有黄守瓜、核桃果象甲、光叶甲（图9-2-6）等。

（1）生活习性及危害症状

叶甲类为咀嚼式口器，食性很杂，成虫和幼虫均可危害，主要危害红肉猕猴桃的叶、嫩梢、花、蕾和幼果。被害部多呈圆弧或不规则形缺刻。5月中旬零星出现，6月起密度逐渐增加，8月以后陆续转至近处的作物或杂草上。白天上午10时至下午3时，为取食的旺盛阶段，夜晚休息。多以成虫越冬。产卵与化蛹在土壤、树皮等各种缝隙中，以土中多

图9-2-6 光叶甲

205

见。化蛹时多建有土屋。幼虫危害植物的根系。

（2）防治措施

一是冬季清园，刮除粗皮，集中处理，破坏害虫栖息场所。二是人工捕杀成虫、刮除卵块烧毁。三是在5月下旬至6月上旬喷洒药剂，集中发生期，用25%噻嗪酮可湿性粉剂1 500～2 000倍液喷雾，或用苦参碱稀释1 000～1 500倍喷施，或20%亩旺特3 000倍液喷雾，或40%毒死蜱2 500倍液喷施。

7. 地下害虫类

危害红肉猕猴桃的地下害虫主要有蝼蛄、地老虎和线虫。

（1）蝼蛄

蝼蛄（图9-2-7）俗称"土狗"，为红肉猕猴桃苗圃常见虫害。

危害症状：以成虫、若虫危害红肉猕猴桃幼苗的根部和靠近地面的幼茎，被害部呈不整齐的丝状残缺，常致幼苗枯死，同时还危害刚播下的种子。成虫、若虫常在地表活动，钻成许多纵横交错的孔道，使幼苗根与土壤分离，经日晒后枯萎而死亡。

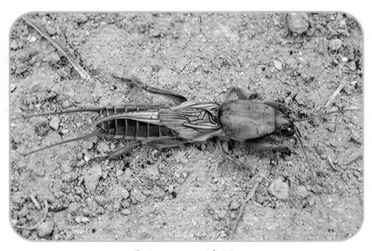

图9-2-7　蝼蛄

生活习性：3—4月开始活动，4—5月危害盛期，5—6月产卵孵化，10月下旬开始越冬，以春秋两季较活跃。在雨后和灌溉后，行迹明显，为人工捕捉的好时机。

防治措施：一是清除杂草，深翻土地，结合灌溉，人工捕捉。二是毒饵诱杀，用碾碎炒香的菜籽饼或花生饼等，拌以90%晶体敌百虫500倍液，傍晚将毒饵撒在地面诱杀。

（2）地老虎

地老虎种类较多，以小地老虎（图9-2-8）危害最常见，苗圃和果园均有发生。

危害症状：幼虫危害未出土和刚出土的红肉猕猴桃幼苗，往往自地面咬断。如幼苗出土后主茎硬化，也能咬食生长点和嫩根，导致整株死亡或影响正常生长。

| 成虫 | 幼虫 |

图 9-2-8　小地老虎成虫与幼虫

生活习性：地老虎 1 年发生 3 ~ 5 代，4—5 月危害最严重，5—6 月化蛹，一般以蛹或老熟幼虫在土中越冬。

防治措施：一是清除杂草，深翻土地时，放家禽捕虫。二是人工捕捉幼虫，于清晨在断口周围或沿残留在洞口的被害枝蔓叶，将土拨开 3 ~ 5 cm，寻找幼虫捕杀之。三是在幼苗出土前，用柔嫩、多汁、耐干的青草、酸模、旋花等，切成 3 ~ 4 cm 碎段，拌以 90% 晶体敌百虫 500 ~ 800 倍液，在傍晚将毒饵均匀撒入园内，或撒成小堆于田间诱杀。

（3）线虫

根结线虫危害红肉猕猴桃，形成根结线虫病（图 9-2-9）。

危害症状：红肉猕猴桃根结线虫病只危害根系。地下根系危害症状初期为根系上生有结节，外观根皮颜色正常，大结节表面粗糙，后期结节及附近根系均腐烂，变成黑褐色，解剖腐烂结节，可见乳白色、梨形或柠檬形线虫。植株感染线虫后地上部的表现为植株矮小，枝蔓、叶黄化衰弱，叶小、叶片薄，枝蔓软，似开水烫过状，果实发育不良，果小易落。

图 9-2-9　根结线虫病

防治措施：一是加强苗木检疫，不栽虫苗。二是选用抗线虫野生猕猴桃种类作砧木，如软枣猕猴桃、狗枣猕猴桃等，并且苗圃不连续用作猕猴桃苗圃。三是挂果园发现根结线虫，每 667 m^2 用 5% 阿维菌素兑水灌施。

➲ 工具准备

1. **工具准备**　准备好网络学习的笔记本或智能手机、笔和植物保护机械。

2. **材料准备**　准备好农药 1~2 种。

➲ 任务安排

学生以学习小组开展实训。

➲ 任务要求

1. **实训准备**　实训前学生通过网络平台学习红肉猕猴桃虫害识别与防治知识；实习指导教师提前联系好实习基地。

2. **实训活动**　学生以小组在基地识别红肉猕猴桃虫害，找出实习园区的虫害种类，并进行相应的防治工作。

3. **问题处理**　总结实习基地红肉猕猴桃的主要虫害种类及其防治方法和时间。

1. 如何防治红肉猕猴桃介壳虫？

2. 如何控制红肉猕猴桃幼果虫害？

3. 如何防治红肉猕猴桃根结线虫？

考核评价

红肉猕猴桃虫害识别与防治实习

实习地点：

班级：_____　组别：_____　姓名：_____　成员：_____

考核项目		内容	分值	得分
技能操作 （55分）	蛾类害虫	对苹小卷叶蛾、桃白小卷蛾、黄斑长翅卷叶蛾、枣镰翅小卷蛾、角纹卷叶蛾、核桃缀叶螟、葡萄天蛾、东方蝙蝠蛾、木蠹蛾等蛾类害虫不能准确识别，防治药剂选择错误，防治时间不准确，每项酌情扣1～2分	10	
	蚧类害虫	对桑白蚧、红蜡蚧、红圆蚧、矢尖蚧等蚧类害虫不能准确识别，防治药剂选择错误，防治时间不准确，每项酌情扣1～2分	10	
	金龟子类害虫	对苹毛金龟、茶色金龟、小青花金龟、小绿金龟等害虫不能准确识别，防治药剂选择错误，防治时间不准确，每项酌情扣1～2分	10	
	蝽类害虫	对麻皮蝽、菜蝽、长喙蝽等害虫不能准确识别，防治药剂选择错误，防治时间不准确，每项酌情扣1～2分	5	
	叶蝉类害虫	对桃二星叶蝉、小绿叶蝉、短头叶蝉等害虫不能准确识别，防治药剂选择错误，防治时间不准确，每项酌情扣1～2分	5	
	叶甲类害虫	对黄守瓜、核桃果象甲、光叶甲等害虫不能准确识别，防治药剂选择错误，防治时间不准确，每项酌情扣1～2分	5	
	地下害虫	对蛴螬、地老虎、蝼蛄等害虫及线虫危害症状不能准确识别，防治药剂选择错误，防治时间不准确，每项酌情扣1～2分	10	
素质 （35分）	工匠精神	工作不认真，吃苦耐劳不够，酌情扣1～5分	5	
	纪律出勤	无故缺席扣5分，迟到早退每次扣1分，其他违纪情况酌情扣1～5分	5	

考核项目		内容	分值	得分
素质（35分）	"三农"意识	损坏果树、庄稼扣 2 ~ 5 分，文明用语不当扣 2 分	5	
	劳动意识	工作现场清理不到位扣 2 分，劳动任务完成不好扣 3 分	5	
	团结协作	无合作探究氛围，不互助互学，不合作解决问题，各扣 1 分	5	
	食品安全意识	缺乏食品安全意识，用药不规范，量过多或过少，酌情扣 2 ~ 5 分	5	
	环保意识	乱丢乱扔垃圾扣 2 分，工作中损坏果树枝叶或不节约材料酌情扣 1 ~ 5 分	5	
反思（10分）	作业总结	作业不认真、不规范，格式不符合要求，书面不整洁，不按时完成各扣 2 分；不及时完成问题处理与反思总结扣 5 分	10	
合计			100	
评价人员签字	1. 任课教师： 2. 实习指导教师： 3. 专业带头人： 4. 园区（企业或行业）技术员：			

 任务三　 掌握红肉猕猴桃的病虫害综合防治技术

任务目标

知识目标

1. 了解红肉猕猴桃病虫害的生物防治技术；

2. 了解红肉猕猴桃病虫害的物理防治技术；

3. 了解红肉猕猴桃病虫害的农业防治技术。

能力目标

能针对红肉猕猴桃果园病虫害进行综合防治。

➡ 思政目标

1. 培养学生热爱家乡的情怀，树立振兴猕猴桃产业的志向；
2. 培养学生热爱"三农"的情怀，树立服务"三农"的责任感；
3. 培养学生安全生产、吃苦耐劳、精益求精的工匠精神；
4. 培养学生降碳环保的生产习惯，树立"绿水青山就是金山银山"的理念；
5. 培养学生预防为主、综合防治的病虫防治理念，树立食品安全责任感。

➡ 知识要点

红肉猕猴桃病虫害防治，要坚持预防为主、综合防治、主治一种、兼治其他的原则，综合应用生物防治、农业防治、物理防治、化学防治等多种手段，实现绿色、高效、经济防控。

1. 生物防治

生物防治是指用生物或生物产物防治病虫的方法。优点是不污染环境，对人、畜安全，运用前景广阔。生物防治包括以虫治虫、以菌治病虫（昆虫病原微生物及其产物防治病虫）、食虫动物治虫、生物绝育治虫、昆虫激素治虫和基因工程防治病虫等。

（1）以虫治虫

一是保护害虫天敌，营造有利其系列生长条件，达到控制虫害的目的。如为螳螂、姬小蜂、金小蜂、小茧蜂、瓢虫、蜻蜓、蜘蛛、草蛉等害虫天敌建设繁衍地或场所，冬季不刮树干基部老树皮，或秋季在树干基部绑缚草秸，诱集天敌越冬。合理使用农药，选择对主要害虫杀伤力大，而对天敌毒性较小的农药种类，在天敌数量较少或天敌抗药力较强的虫态阶段（如蛹期）喷药。严格禁止使用对天敌杀伤力强的广谱性农药，如溴氰菊酯、敌百虫等，以保护天敌，维持昆虫的生态平衡。二是引进天敌弥补当地天敌昆虫的不足。三是人工在适宜环境条件下，大量繁殖天敌并适时释放于红肉猕猴桃果园。

（2）性诱剂治虫

用性诱剂诱杀害虫或破坏害虫的繁衍系统，达到控制害虫群体数量的目的。

（3）以益鸟和禽类治虫

建设鸟巢引导和保护啄木鸟、山雀、画眉、黄鹂、大杜鹃等益鸟繁殖，利用其食虫。或放养山鸡、鸡、鸭、鹅食虫。

（4）以菌治菌

利用病原微生物的代谢产物防治红肉猕猴桃病害。如用春雷霉素、四环素、土霉素防治溃疡病、花腐病等细菌性病害等。

（5）以菌治虫

如苏云金杆菌治鞘翅目害虫，用K84菌防治根癌病等。

2. 物理防治

在果园安装频振灯、黑光灯，利用灯光诱杀害虫，害虫集中发生期在果园放置糖醋液诱杀等方法治虫。

3. 农业防治

（1）加强植物检疫

加强植物检疫，杜绝引入检疫性病虫害苗。

（2）加强土肥水管理

开展土肥水科学管理措施，提高树体营养水平，合理负载。增强树势，提高树体对病虫害的抵抗能力。加强土壤科学改良，增加土壤有机质和微团粒结构，促进红肉猕猴桃健康生长。强化科学施肥，有机肥与化学肥料配合施用，提升施肥效果。

（3）加强修剪和清园

夏季修剪剪除过密枝、病虫枝，改善树体通透性；冬季修剪后及时清园，将枯枝、落叶清除干净并集中处理。

（4）加强环境管理

生长期清理和加深排水沟渠，确保果园排水畅通，降低果园湿害。合理间作，清除果园杂草及园区四周病原寄主植物。

4. 化学防治

（1）石硫合剂或波尔多液

冬季修剪后至来年萌芽前对树体喷5波美度石硫合剂3次，减少越冬后的病虫基数。浅翻园地并用1∶1∶200波尔多液喷洒园地，减少病原基数。

（2）石灰浆

冬季用石灰浆（质量比为石灰∶动物油∶食盐∶水＝3∶0.3∶0.3∶10）进行树干涂白。

（3）药剂交替使用

生长季节选用安全、高效、低毒、低残留的杀虫杀菌剂交替使用，以降低拮抗性。

任务安排

学生以学习小组开展实训。

任务要求

1. **实训准备** 实训前学生通过网络平台学习红肉猕猴桃病虫害综合防治知识；实习指导教师提前联系好实习基地。

2. **实训活动** 学生以小组在基地开展红肉猕猴桃综合防治工作。

3. **问题处理** 总结实习基地红肉猕猴桃病虫害综合防治工作。

红肉猕猴桃病虫害如何进行综合防治？

考核评价

红肉猕猴桃病虫害综合防治实习

实习地点：

班级：_____ 组别：_____ 姓名：_____ 成员：_____

考核项目		内容	分值	得分
技能操作 （55分）	生物防治	对以虫治虫、性诱剂治虫、益鸟治虫、以菌治虫、以菌治菌理解不透彻，应用不及时不合理，每项酌情扣 2 ~ 5 分	10	
	物理防治	对频振灯、黑光灯、糖醋液诱杀等方法应用不当，使用不合理，每项酌情扣 2 ~ 5 分	10	
	农业防治	对农业防治措施使用不当，不及时，每项酌情扣 2 ~ 5 分	20	

考核项目		内容	分值	得分
技能操作（55分）	化学防治	对化学药品管理不当，药物选择不正确，使用不及时，用量不精准，每项酌情扣2～5分	15	
素质（35分）	工匠精神	工作不认真，吃苦耐劳不够，酌情扣1～5分	5	
	纪律出勤	无故缺席扣5分，迟到早退每次扣1分，其他违纪情况酌情扣1～5分	5	
	"三农"意识	损坏果树、庄稼扣2～5分，文明用语不当扣2分	5	
	劳动意识	工作现场清理不到位扣2分，劳动任务完成不好扣3分	5	
	团结协作	无合作探究氛围，不互助互学，不合作解决问题，各扣1分	5	
	食品安全意识	用药不规范，用量过多或过少，酌情扣2～5分	5	
	环保意识	乱丢乱扔垃圾扣2分，工作中损坏果树枝叶或不节约材料酌情扣1～5分	5	
反思（10分）	作业总结	作业不认真、不规范，格式不符合要求，书面不整洁，不按时完成各扣2分；不及时完成问题处理与反思总结扣5分	10	
合计			100	
评价人员签字		1. 任课教师： 2. 实习指导教师： 3. 专业带头人： 4. 园区（企业或行业）技术员：		

情境 10   掌握红肉猕猴桃的采收、贮藏与加工技术

情境目标

∥知识目标∥

    1. 掌握红肉猕猴桃采收与贮藏前的处理技术；

    2. 了解红肉猕猴桃的加工技术。

∥能力目标∥

    能正确把握红肉猕猴桃采收时间，并能进行基本的贮藏操作。

∥思政目标∥

    1. 帮助学生树立热爱农业、热爱家乡的情怀和服务"三农"、振兴家乡的责任感，树立振兴我国猕猴桃产业的志向；

    2. 帮助学生树立降碳环保、绿色发展、协调发展的意识；

    3. 帮助学生培养吃苦耐劳、精益求精的工匠精神；

    4. 培养学生树立食品安全意识和责任感；

    5. 培养学生团结协作、互帮互助的协作意识。

 任务一　掌握红肉猕猴桃的采收技术

⊃ 知识目标

    1. 掌握确定红肉猕猴桃采收期的方法和采收技术；

    2. 了解红肉猕猴桃果实分级和包装方法。

⊃ 能力目标

    能熟练地进行红肉猕猴桃果实采收。

➡ **能力目标**

　　1.培养学生热爱家乡的情怀，树立振兴猕猴桃产业的志向；

　　2.培养学生热爱"三农"的情怀，树立服务"三农"的责任感；

　　3.培养学生安全生产、吃苦耐劳、精益求精的工匠精神；

　　4.培养学生降碳环保的生产习惯，树立"绿水青山就是金山银山"的理念；

　　5.培养学生树立食品安全意识和责任感。

任 务 准 备

➡ **知识要点**

　　1.采收期的确定

　　采收时间的早晚对红肉猕猴桃的食用品质和贮藏性能影响很大。采收过早，红色素较淡，果实难以软化，或果顶及中部软化而蒂部不软化，食之有淀粉味，品质低劣，不耐贮藏。采收过晚，红色素开始退化变淡，虽容易软化，但不耐运输和贮藏。

　　确定采收适期的最简便、最科学的方法是用手持可溶性固形物含量测量仪（俗称测糖仪）（图10-1-1）测定果实的可溶性固形物的含量。红肉猕猴桃的代表品种红阳果实当可溶性固形物含量为7%～8%时，即可采收。

　　在红肉猕猴桃果园中随机选5株树，每株随机采5个果，共采25个果。将果实横切，从果实中部四方各取少许果肉，将果汁挤出，滴在可溶性固形物测量仪的折光棱镜的玻璃片上，再把照明盖板盖在折光棱镜上，从眼罩镜头就可观察到所显示的刻度，即该果实的可溶性固形物含量。使用电子可溶性固形物测量仪时，直接将果汁挤在集液板上，即可显示可溶性固形物含量。25个果实的平均值，就是该果园目前的可溶性固形物含量。

　　生产上还可通过观察红肉猕猴桃的红色素着色和种子的色泽来初步判定果实成熟度，如着色鲜红，面积较大，种子呈黑褐色则标志果实已经成熟。或测试果蒂与果柄之间的离层是否已经形成，用手轻扭果实即可

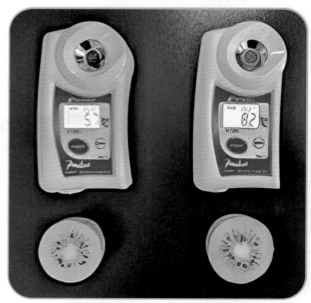

图 10-1-1　数显糖度计

脱离果柄时便可采收。

红肉猕猴桃果实接近成熟时，内部会发生一系列变化，其中包括果肉硬度降低等，而最显著的变化是淀粉含量的降低和可溶性固形物含量的上升。在果实发育的后期，淀粉含量大致占总干物质的 50%，进入成熟期后果实中的淀粉不断分解转化为糖，淀粉含量持续下降，而果实内糖的含量则显著升高，可溶性固形物（其中大部分是糖类）含量逐渐稳步上升，红色素上升。

2. 采收技术

（1）采果袋或采果篮准备

红肉猕猴桃是浆果，皮很薄，很容易碰伤，最好用帆布采果袋采收。如使用果篮，则要在篮内垫纸或软布。

（2）包装箱准备

包装箱常用木箱或塑料箱。木条箱长、宽、高分别为 45 cm、33 cm、23.5 cm，可装红肉猕猴桃鲜果 15 kg。木条间距 1 ~ 1.5 cm，木箱内面宜光滑，须有软衬。塑料箱可选用大小 3 种。大的一种塑料箱长、宽、高分别为 37 cm、22 cm、12 cm，可装红肉猕猴桃鲜果 5 kg；第二种塑料箱长、宽、高分别为 32 cm、22 cm、12 cm，可装红肉猕猴桃鲜果 4 kg；第三种塑料箱长、宽、高分别为 26 cm、11 cm、21 cm，可装红肉猕猴桃鲜果 2.5kg。塑料箱有通气孔，箱内果实田间热能得到散发，温度比较稳定，箱内红肉猕猴桃不会产生呼吸跃变，有利于运输和贮藏。塑料箱较木箱轻便，也很抗压，便于搬运和堆码。

（3）人员准备

为了避免采果时造成果实机械损伤，果实采收时，采果人员应提前 2~3 d 剪短指甲，戴软质手套。

（4）果园准备

为了保证红肉猕猴桃果实采收后的食品质量安全，果实采收前 30 d，果园内不能喷洒农药、化肥或其他化学制剂，也不能灌水。

（5）采收时间

为避免红肉猕猴桃受风、雨、强光和高温的影响，选择无风的阴天或晴天上午露水干后至 11 时、下午 4 时至天黑前采收。

（6）采收方法

采摘时左手握着结果蔓，右手托着果实轻轻往上抬、扭，果实即可采下，再轻轻地放在采果袋或采果篮里。采果要分级分批进行，先采生长正常的商品果，再采生长正常的小果，对伤果、病虫危害果、日灼果等应分开采收，不要与商品果混淆。先采外部果，后采内部果。

（7）预贮与入库

采摘后经 8 ~ 12 h 的阴凉处预贮存放后，要在 24 h 内入库。整个操作过程必须轻拿、轻放、轻装、轻卸，以减少果实的刺伤、压伤、撞伤。

3. 分级

为便于销售和贮藏，采收后应立即分级（图10-1-2）。分级应在预冷间完成或温度较低的室内工棚内进行，避免日晒雨淋。分级时，首先剔除病虫果、腐烂果、畸形果和受伤果，然后按单果质量分为3级：特级果80～90 g；一级果90～120 g、70～80 g；二级果60～70 g、120～140 g。果实无病虫、无畸形、无日灼危害。果形呈圆柱形，果皮色泽黄绿色，果肉色泽黄肉红心。60 g以下和140 g以上的果为等外级果。用于外销的多为一级和特级果。分级可采用人工分级，也可采用机器分级。

图10-1-2　红阳猕猴桃人工分级（左）与机械分级（右）

4. 包装

科学包装对提高红肉猕猴桃果实商品性、安全运输和延长贮藏期都具有重要的意义。红肉猕猴桃科学的包装可以避免或减少果实在搬运、装卸过程中造成的损失，便于安全运输。因果实损伤少，贮藏中烂果也会少。

包装分为3种情况：

（1）贮藏包装

用于长期冷库贮藏保鲜的，这类果实分级完成后用塑料箱内套无毒塑料袋，将果实直接放入无毒塑料袋内，加入保鲜剂，即完成包装任务。

（2）现销包装

现销包装（图10-1-3）最好用软纸单个包好，放在专门制作的塑料果盘的凹槽中，用专用无毒塑料膜覆盖保鲜，后装入纸箱内存入预冷室待售。

（3）短贮包装

短期贮藏保鲜，随存随卖包装，将鲜果用软纸单个包好，放在专门制作的塑料果盘的凹槽中，然后放入包装箱内特制的PE或PVC塑料膜袋中，每袋放3～4层。如果不用塑料盘包装，也必须用软纸或塑料泡沫网单个包裹，然后轻轻地分3～5层摆放在包装箱中的PE或PVC塑料膜袋中，最后封盖及时运往冷库保鲜做短期贮藏。

图 10-1-3　红阳猕猴桃包装

训练任务

➲ 工具准备

准备好竹筐、修枝剪、果梯、包装盒。

➲ 任务要求

1. **实训准备**　学生通过网络查询新西兰、欧盟猕猴桃采收标准和我国标准；学生以学习小组开展实习；实习指导教师提前联系好实训基地。

2. **实训活动**　学生完成实训活动后，了解目前国内红肉猕猴桃果实采收标准。

思考与练习

1. 如何采收红肉猕猴桃果实？

2. 如何对红肉猕猴桃果实进行分级和包装？

考核评价

红肉猕猴桃果实采收、预贮和包装实习

实习地点：

班级：_____　　组别：_____　　姓名：_____　　成员：_____

考核项目		内容	分值	得分
技能操作 （55分）	猕猴桃采收	采收时间不合理，方法不当，损伤果实，工具准备不充分，手指甲未提前修剪，每项酌情扣 2 ~ 5 分	15	
	预贮藏	果实堆放不合理，没有轻拿轻放，出现伤果、压烂果，每项酌情扣 2 ~ 5 分	20	
	包装	包装材料准备不充分，果实包装不规范，每项酌情扣 2 ~ 5 分	20	
素质 （35分）	工匠精神	工作不认真，吃苦耐劳不够，酌情扣 1 ~ 5 分	5	
	纪律出勤	无故缺席扣 5 分，迟到早退每次扣 1 分，其他违纪情况酌情扣 1 ~ 5 分	5	
	"三农"意识	损坏果树、庄稼扣 2 ~ 5 分，文明用语不当扣 2 分	5	
	劳动意识	工作现场清理不到位扣 2 分，劳动任务完成不好扣 3 分	5	
	团结协作	无合作探究氛围，不互助互学，不合作解决问题，各扣 1 分	5	
	食品安全意识	操作不规范，存在污染原料行为，酌情扣 2 ~ 5 分	5	
	环保意识	乱丢乱扔垃圾扣 2 分，工作中损坏果树枝叶或不节约材料酌情扣 1 ~ 5 分	5	
反思 （10分）	作业总结	作业不认真、不规范，格式不符合要求，书面不整洁，不按时完成各扣 2 分；不及时完成问题处理与反思总结扣 5 分	10	

续表

考核项目	内容	分值	得分
合计		100	
评价人员 签字	1. 任课教师： 2. 实习指导教师： 3. 专业带头人： 4. 园区（企业或行业）技术员：		

任务二　掌握红肉猕猴桃的果实贮藏保鲜技术

任务目标

⊃ **知识目标**

1. 掌握红肉猕猴桃果实贮藏库的选择；

2. 熟悉红肉猕猴桃果实贮藏期间温、湿度控制技术。

⊃ **能力目标**

能熟练进行红肉猕猴桃果实冷库保鲜贮藏的温、湿度观察与调节。

⊃ **思政目标**

1. 培养学生热爱家乡的情怀，树立振兴猕猴桃产业的志向；

2. 培养学生热爱"三农"的情怀，树立服务"三农"的责任感；

3. 培养学生安全生产、吃苦耐劳、精益求精的工匠精神；

4. 培养学生降碳环保的生产习惯，树立"绿水青山就是金山银山"的理念；

5. 培养学生树立食品安全意识和责任感。

任务准备

⊃ **知识要点**

1. 贮藏库选择

红肉猕猴桃果实保鲜贮藏主要采用普通冷藏库和气调库两种。

（1）普通冷藏库

贮藏红肉猕猴桃时，果实温度保持在（0±0.5）℃，果实周围的相对湿度保持在90%~95%（图10-2-1）。

图10-2-1　红阳猕猴桃普通冷藏库

（2）气调库

气调贮藏是当今最先进的果实保鲜贮藏方法。气调贮藏的实质是在冷藏的基础上增加气体成分调节，红肉猕猴桃气调贮藏适宜条件是：CO_2体积分数3%~5%，O_2体积分数2%，相对湿度90%~95%，温度（0±0.5）℃。气调贮藏能抑制果实呼吸作用，减缓新陈代谢，减少腐烂及病虫害，减少水分丧失，最大限度地保持果品的新鲜度和商品性，延长贮藏期和销售的货架期，从而实现季产年销和周年供应，给生产和经营者带来显著的经济效益。

2. 预贮

入库长期贮藏的红肉猕猴桃果实要经过预贮。刚采收的果实带有大量的田间热，呼吸、代谢等生理活动旺盛，易自动催熟。通过预冷可去除果实所带的田间热。不经预冷入库，果温与库内温度相差太大（约30℃），会使果实表面凝水、内部生理活动紊乱，甚至会造成过激的冷冻伤而增加病菌侵入的机会，严重影响耐藏性。预冷一般要求在预冷室内进行，给予0.75 L/（s·kg）流量的冷空气，经8~10 h，将果温降至3~4℃。如果没有预冷室，可将装有果实的包装箱放在通气的室内凉冷。

3. 入库

果实入库前一周对冷库消毒，冷库消毒包括杀菌杀虫，新库和旧库都必须消毒处理，消毒方法主要采用喷药和熏蒸消毒，消毒后闭门2~3 d。具体方法：每100 m³用20 mL甲醛熏蒸消毒，密封2~3 d，然后通风换气3~5 h。将库温降到0.5℃，温度变幅不超过±0.5℃。

贮藏箱可用长、宽、高分别为53 cm、35 cm、29 cm的标准果品贮藏保鲜塑料箱。内置厚度0.03~0.05 mm的聚乙烯塑料保鲜袋，袋子口径80~90 cm，袋长80 cm。将经过预冷的果实装入保鲜袋中，每袋约 25 kg，放入保鲜剂，用绳子轻扎保鲜袋口。

首次入库的果实数量可达总库容的 20% ~ 30%，以后每天按库容的 10% 入库，以免引起库温起伏过大。进库后先将果箱散开摆放，待 1 ~ 2 d 后果实温度降至 0 ℃再按要求堆码。未经预冷的果实入库时应直接将果实放在果箱内入库，待果实温度下降到 0 ℃后再装入聚乙烯塑料保鲜袋内，以利于果实迅速降温。整个入库过程中，制冷机要全部开动，不能停机。

果箱在库内堆放时应留有 50 ~ 60 cm 的主风道（与冷风机方向相同）和 30 ~ 40 cm 的侧风道（与冷风机方向垂直），冷风机下距墙 80 ~ 100 cm，对面距墙 50 ~ 60 cm，其他两侧距墙 30 ~ 40 cm，距库顶 100 ~ 150 cm。堆垒与墙之间留 20 ~ 30 cm 的空隙，堆垒间距 30 ~ 50 cm，果箱之间留缝隙 12 cm，果箱距库顶 50 cm，果箱下的垛底垫木高 10 ~ 15 cm，以利库内空气流通。

4. 贮藏库管理

气调保鲜库的管理比较简单，现重点介绍普通保鲜冷库的管理。

保鲜冷库房外应设有能连续测定库内温度的直接读数的显示器，同时在库内代表性方位安装 3 ~ 5 个温度计，温度计应放置在不受冷凝、异常气流、振动和冲击的地方。果实入库后将温度计插入果箱中用保鲜袋封住后观测温度，并用精密玻璃温度计校正控温仪的显示温度，防止仪表误差导致果实受冻或温度过高。如果库内温差大于 0.5 ℃，则应调整堆码方式和调节各风机的制冷量。

库内相对湿度应保持在 90% ~ 95%，湿度不足时应在地板上放水盆增湿，气调贮藏一般配备有增湿器能自动调节。普通贮藏库最好配置超声波加湿器使湿度达到要求。

入库后的前 2 周，应每 3 d 通风 1 次，以后每隔 4 ~ 5 d 通风 1 次。通风时先关住库门，打开风门，开动风机，时间 = 库容 / 风机抽风量，到时间后打开库门，再按以上的时间抽风，如此反复 2 ~ 3 次。抽风换气后立即加湿，通风时制冷机不能停机。

每隔 2 ~ 3 d 检查库温 1 次，检查温度、湿度是否与设备的控制仪表显示的相符，发现问题立即校正。入库时不宜开库内大灯，用手电筒即可。同时观察冷风机的结霜情况与化霜效果，化霜时间以能将霜化完为止，不宜太长。化霜时关闭制冷机，化箱后先开冷风机 5 min，然后再开动制冷机。

果实入库后 20 d 左右在库内检查全部果实 1 次，拣出软化果及其他不宜贮藏的果实。

红肉猕猴桃果实刚采收时的硬度在 12 ~ 13 kg/cm²，手感很硬。在 0 ℃的贮藏条件下，果实硬度大致可保持原始值 4 ~ 5 d，然后迅速下降。在贮藏后 4 周时下降到 4 kg/cm² 左右，手感已变软；此后硬度缓慢下降，到 16 ~ 20 周时达到最低出口界限硬度 2 kg/cm²，并大致保持这个硬度直到 24 周左右。在气调库贮藏中，果实最长可保存

4 ～ 8个月甚至1年。

一般红肉猕猴桃鲜果果实入库时果肉硬度在12 ～ 13 kg/cm²，出库时应保持在2 kg/cm²，零售时的硬度以在1 kg/cm²左右为宜。

→ 工具与材料准备

1. **工具准备** 准备好调查用的笔记本或智能手机、笔。

2. **材料准备** 准备好经过预贮的果实、冷库。

→ 任务要求

学生以学习小组进行实训；实训在基地冷库进行。

→ 任务要求

1. **实训准备** 学生通过网络查询、期刊查询、图书借阅等途径，了解世界及我国红肉猕猴桃果实贮藏技术标准与贮藏方法，尤其要注意了解气调库的管理内容；实习指导教师要提前联系好实习基地，尤其准备好预贮果实。

2. **实训活动** 学生在查阅资料的基础上，进一步通过走访当地红肉猕猴桃管理部门、红肉猕猴桃生产技术人员，了解目前国内外果实贮藏运用的是什么设施设备，红肉猕猴桃果实贮藏期间的温度、湿度、空气怎样控制；学生进行气调库操作管理训练。

3. **问题处理** 请对红肉猕猴桃贮藏管理工作进行不少于300字的总结。

1. 红肉猕猴桃果实如何进行预贮？

2. 红肉猕猴桃果实贮藏期间的温度、湿度、空气怎样控制？

考核评价

红肉猕猴桃果实冷藏实习

实习地点：

班级：_____　组别：_____　姓名：_____　成员：_____

考核项目		内容	分值	得分
技能操作（55分）	冷库准备	对冷库检查不全面，存在安全隐患，对冷库消毒不彻底，每项酌情扣 2 ~ 5 分	15	
	入库	入库量把握不准，量过多或过少，入库未先散后集中，每项酌情扣 2 ~ 5 分	10	
	冷库管理	对温度、湿度调控不及时，未按时检查温湿度和贮藏质量，每项酌情扣 2 ~ 5 分	30	
素质（35分）	工匠精神	工作不认真，吃苦耐劳不够，酌情扣 1 ~ 5 分	5	
	纪律出勤	无故缺席扣 5 分，迟到早退每次扣 1 分，其他违纪情况酌情扣 1 ~ 5 分	5	
	"三农"意识	损坏果品、设施、设备扣 2 ~ 5 分，文明用语不当扣 2 分	5	
	劳动意识	工作现场清理不到位扣 2 分，劳动任务完成不好扣 3 分	5	
	团结协作	无合作探究氛围，不互助互学，不合作解决问题，各扣 1 分	5	
	食品安全意识	操作不规范，存在污染原料行为，酌情扣 2 ~ 5 分	5	
	环保意识	乱丢乱扔垃圾扣 2 分，工作中损坏果树枝叶或不节约材料酌情扣 1 ~ 5 分	5	
反思（10分）	作业总结	作业不认真、不规范，格式不符合要求，书面不整洁，不按时完成各扣 2 分；不及时完成问题处理与反思总结扣 5 分	10	
合计			100	
评价人员签字	1. 任课教师： 2. 实习指导教师： 3. 专业带头人： 4. 园区（企业或行业）技术员：			

任务三　掌握红肉猕猴桃的加工技术

任务目标

知识目标

1. 了解红肉猕猴桃果实加工技术；

2. 熟悉红肉猕猴桃果实加工果汁、果酒、果酱的基本操作方法。

能力目标

能熟练进行红肉猕猴桃果汁加工。

思政目标

1. 培养学生热爱家乡的情怀，树立振兴猕猴桃产业的志向；

2. 培养学生热爱"三农"的情怀，树立服务"三农"的责任感；

3. 培养学生安全生产、吃苦耐劳、精益求精的工匠精神；

4. 培养学生降碳环保的生产习惯，树立"绿水青山就是金山银山"的环保理念；

5. 培养学生树立食品安全意识和责任感。

任务准备

知识要点

开展红肉猕猴桃原产地加工，可以延长产业链、价值链和供应链。主要产品有红肉猕猴桃原汁、红肉猕猴桃浓缩汁、酱、晶、酒、醋等。

1. 红肉猕猴桃原汁

红肉猕猴桃原汁也叫红肉猕猴桃原酱，是红肉猕猴桃果实直接压榨而成，果汁中含有果肉悬浮颗粒，果酸和果胶、维生素等含量较多，除红色素较少保留外，其他色、香、味基本保持红肉猕猴桃鲜果口感，营养丰富，商品价值高（图10-3-1）。

图 10-3-1　红肉猕猴桃原汁

226

（1）技术要求

①感官指标

色泽：呈黄绿色或淡黄色。

风味：具有猕猴桃固有的风味，甜酸可口，无异味。

组织形态：果汁均匀混浊。静置后允许稍有沉淀及轻度分离，但摇后仍呈均匀混浊状态。

杂质：不允许存在。

②理化指标

可溶性固形物：12% ~ 16%（以折光度计）。

总酸：以柠檬酸计 0.6% ~ 1.2%。

原汁含量：不低于 30%。

净重：每罐允许误差 ±3%，每批平均不低于净重。

重金属含量：制品中锡不超过 200 mg/kg，铜不超过 100 mg/kg，铅不超过 2 mg/kg。

③微生物指标

无致病菌及因微生物所引起的腐败表征。

（2）工艺流程

原料选择→原料处理→破碎压榨→调配→脱气→均质→加热过滤→装罐→密封→杀菌→冷却。

（3）工艺要点

原料选择：选用充分成熟、果肉色泽一致、组织变软的新鲜红肉猕猴桃果实作原料，剔除成熟度不够或发霉变质果、病虫果和破裂果。

原料处理：用流动清水洗去果面上的泥沙、杂质和毛绒。

破碎压汁：将漂洗干净的果实用手工或双滚筒破碎机进行破碎，应反复破碎 2 ~ 3 次，然后将破碎后的果肉放入压汁机内榨汁。也可采用土法布袋压榨，吊滤果浆，分离渣汁。第一次榨汁后的果渣加入 15% 清水，搅拌均匀后再压榨 1 次，将两次榨汁混合。

口味调配：根据质量标准和消费者口味要求，果汁需适当地加入柠檬酸调配到一定的糖酸比例。一般产品按果汁 30%，糖度 16% ±2%（按折光计），总酸 0.4% ±0.1% 调配。优质产品按含原果汁 60%，补加适量水、糖、酸配成。

脱气均质：可用蒸汽喷射排气法，使果汁中的气体迅速逸出，抑制果汁褐变。然后用高压均质机在 12.64 ~ 19.6 MPa 压力下进行均质，促使果肉颗粒细化，大小均匀，悬浮于果汁中。

加热：均质后的果汁需迅速加热到 70 ~ 80 ℃，其作用一是去除酶的活性，减少 V_C 的氧化损失。二是使蛋白质等胶粒凝固沉淀，减少贮藏中沉淀的产生。三是减少微生物的污染。四是提高装罐温度，增强杀菌效果。

过滤：加热后的果汁用绒布或四层纱布过滤。

装罐：要趁热装罐，罐要预先通过蒸汽消毒。

密封：装罐要立即密封。封口温度不低于 65 ℃。如果用真空密封则真空度为 46.6 kPa 左右。

杀菌、冷却：一般用高温短时间杀菌，升温 3 min 后，沸水杀菌 8 min 后立即冷却至 37℃。后擦干水分倒置堆垛、入库。

2. 红肉猕猴桃浓缩汁

红肉猕猴桃浓缩汁是利用物理方法除去红肉猕猴桃鲜果汁中的多余水分，把体积浓缩至 1/5 而成。浓缩汁能保持新鲜红肉猕猴桃果汁的营养和风味，节约包装和运输费用，浓缩汁糖分含量高不需使用防腐剂，生产前途很好（图 10-3-2）。

图 10-3-2　红肉猕猴桃浓缩汁

（1）技术要求

浓缩红肉猕猴桃果汁，必须保持红肉猕猴桃天然风味和营养成分，须具有新鲜果汁相似的色、香、味。

（2）工艺流程

原料→分选→压碎榨汁→澄清调配→浓缩→包装→成品。

（3）操作要点

原料分选、清洗、破碎、压榨、澄清、调配都与生产红肉猕猴桃原汁方法相同。浓缩汁生产重点是浓缩的操作方法。共有三种：

①常压高温浓缩：用不锈钢双层锅，锅壁中夹层通入饱和蒸汽，浓缩开始前放出夹层冷水和冷气，使蒸汽压力稳定，维持 2 ~ 2.5 kg/cm³，盛入果汁开始浓缩，不断搅拌，加速水分蒸发，防止焦化。每锅浓缩时间不超过 40 min。当果汁可溶性固形物接近终点

时，关闭蒸汽阀，迅速出锅。

②高温浓缩法：用开口不锈钢锅，盛入果汁，每锅 20 ~ 25 kg，在加热的同时，不断搅拌，防止焦化，浓缩可溶性固形物达至 60% 时，约需 40 min 即成。

③真空浓缩法：使用离心薄膜蒸发器或单效浓缩锅，将果汁吸入真空浓缩锅内，在减压条件下蒸发浓缩。当锅内压力达到 0.067 MPa 时将果汁吸入锅内，其液面高于加热排管面时，送入蒸汽加热，保持蒸汽压力 1.5 kg/cm³，真空度 0.080 ~ 0.087 MPa，果汁温度 60 ℃，保持沸腾液面始终高于加热面 15 ~ 20 cm，防止焦化。抽样测定接近要求浓度时关闭蒸汽阀和真空泵，然后开启放气阀，释放真空，即时出料。用玻璃罐装后立即封口，尽快冷却即成。

3. 红肉猕猴桃酱

（1）技术要求

①感官指标

色泽：果酱呈黄绿色，清亮不混浊，均匀一致，有光泽。

组织形态：果酱呈胶黏状态，块酱体保持部分果块，泥酱体呈均匀泥状，果酱置于水面上允许慢慢流散，不得分泌汁液，无糖结晶，无硬块，稠度适当。

风味：具有猕猴桃果酱（图 10-3-3）应有的滋味和气味，无焦煳味，无异味。

杂质：不允许存在。

图 10-3-3　红肉猕猴桃果酱

②理化指标

可溶性固形物：不低于 65%（以折光度计）。

总糖：不低于 57%（按转化糖计）。

重金属含量：制品中锡不超过 200 mg/kg，铜不超过 10 mg/kg，铅不超过 2 mg/kg。

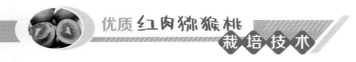
③微生物指标

无致病菌及因微生物所引起的腐败表征。

（2）工艺流程

原料选择→清洗果实→去果皮→打浆、配料→浓缩→装罐→封口→杀菌→冷却→成品。

（3）操作要点

选果：选择九至十成熟红肉猕猴桃鲜果，剔除腐烂、病虫、变质、污染等不合格果实。

清洗：用流动的清洁水清洗果实，洗净果面泥沙和其他附着物。

去皮：去除果实表皮，分人工去皮和机械去皮及碱去皮3种。

打浆：将去皮果用打浆机打浆，要求打浆机筛孔0.8～2 mm。

配料：按果肉：砂糖＝1：1质量配比例配料，并用水溶化、加热、过滤。

浓缩：常压浓缩法，将果浆和糖液总量的1/3在不锈钢双层锅内预热软化8～10 min，软化后再分2～3次加入剩余的糖液和果浆，继续加热浓缩20 min，在2.5 kg/cm³蒸汽压力下迅速浓缩到可溶性固形物达到65%时，迅速关闭蒸汽、起锅、热装、封罐。真空浓缩法：锅内真空度保持0.08 MPa，蒸汽压力保持1.5 kg/cm³左右，当浓缩至可溶性固形物达到65%时，除真空，升温果酱，压力保持2 kg/cm³左右，当果酱温度达到90 ℃时，迅速关闭蒸汽、起锅、热装、封罐。

装罐：空罐温度40 ℃以上，果酱温度80 ℃，称足质量，保证净重。

封口：预先用酒精消毒瓶盖，装瓶后及时上盖拧紧。

杀菌：采用蒸汽常压杀菌。蒸汽温度100 ℃，杀菌15 min。

冷却、入库：杀菌完成后分段淋水冷却，段间温差不超过20 ℃，最后冷却至40 ℃时，堆垛、擦水、入库。

4. 红肉猕猴桃桃晶

（1）工艺流程

原料选择→清洗→破碎榨汁→浓缩→加糖、成型→烘干→过筛→包装。

（2）操作要点

原料选择：选用成熟度高、新鲜、香气浓、无病虫害或发霉变质的红肉猕猴桃果实。

清洗、榨汁：用流动清水洗净果实表面的泥沙和污物，放入打浆机内打成浆状，也可用木棒捣碎。破碎要迅速，以免果汁和空气接触过多而氧化。然后压榨过滤除去皮渣和种子。若将破碎果加热到65 ℃趁热压榨，可增加出汁率。经绒布过滤1遍。

浓缩：将过滤的果汁置于真空干燥器内浓缩，V_C破坏量少些，采用夹层锅熬煮时V_C损失大。待浓缩至含糖量达58%～59%时，汁液呈黄绿色，即可出锅。

加糖、成型：取干燥的砂糖，磨成粉过筛成糖粉。浓缩汁30 kg，加入白糖粉70 kg，搅拌均匀。为提高风味可适当添加柠檬。在成型机内拌成圆形或圆锥形米粒大小的颗粒。

若无成型机，可用手工搓揉，使粒团松散，再用孔径 2.5 mm 和 0.9 mm 尼龙筛或金属筛制成小颗粒。

烘干、过筛：将已成型的颗粒均匀地摊放烘盘中，摊放厚度 1.5 ~ 2 cm，送入烘房中，控制温度为 65 ~ 70℃，时间约 3 h。烘烤 2 h 后用竹耙将盘内晶粒上下翻动一遍，使其受热均匀，加速干燥。干燥后冷却、过筛使规格一致。

包装：过筛后的成品按规格分别包装。为冲饮方便一般采用小食品袋包装，每袋净重 20 g。

（3）特点

成品为黄绿色、米粒大的颗粒，无杂质，携带方便，冲化后呈黄绿色饮料，味酸甜，具有红肉猕猴桃汁的风味。

5. 红肉猕猴桃酒（图 10-3-4）

（1）技术要求

①感官指标

色泽：浅红、金黄，清亮透明。

风味：具有红肉猕猴桃特有芳香味和陈酒酯味，酒质醇厚，酸甜适口，无异味。

组织形态：无浑浊沉淀及悬浮物。

杂质：不允许存在。

图 10-3-4　红肉猕猴桃酒

②理化指标

酒精度 16% ~ 18%，总酸 0.6%，总糖 12%。

（2）工艺流程

原料→分选→破碎→主发酵→后发酵→调整成分→陈酿→配酒→过滤→包装→成品。

（3）操作要点

选择成熟度高，品种纯正的红肉猕猴桃鲜果，才能酿制出好酒。

破碎：用破碎机打浆。

主发酵：将红肉猕猴桃果浆放入已消毒的容器内自然发酵。发酵时果浆装入量为容器的4/5，防止发酵时产生大量气体而溢出。发酵开始时要供足氧气，使酵母菌加速繁殖，后期要密闭窗口，使酵母在无氧条件下进行酒精发酵，以便产生大量酒精。

发酵温度为25～30℃，最高不超过32℃，最低不低于15℃。发酵过程中每天定时搅拌两次，使上、中、下层均匀发酵，4～5d即完成主发酵。

后发酵：主发酵后的原酒中还有部分糖通过一段时间的微发酵变成酒精。在后发酵过程中，把原酒调到酒精度12%以上，并在液面上加入少量的二氧化硫。再将主发酵原酒装入容器占容器容积的95%，发酵期间温度严格控制在20～25℃，发酵1个月即成。

调整成分：后发酵结束后，用虹吸法将沉淀物分离，将酒精度用白酒调整到18°。

陈酿：将酒密封，在温度15～18℃条件下的地下室陈酿2年。

配酒：根据不同品种要求进行配方调制。调整后的商品红肉猕猴桃果酒，酒精度为15%～16%，酸度为0.6%。

过滤：用压滤机过滤后，在80℃热水中煮20min。

包装：将酒分装入洁净的酒瓶内，压盖密封，检测合格后贴上标签。

6. 红肉猕猴桃果醋（图10-3-5）

（1）技术要求

①感官指标

色泽：淡黄色，澄清。

风味：具有红肉猕猴桃果香和醋的特殊香味，无异味，酸味柔和，甜而不涩。

杂质：不允许存在。

图10-3-5　红肉猕猴桃果醋

②理化指标

可溶性固形物：1.5% ~ 1.8%。

醋酸含量：3.5% ~ 5.0%。

酒精含量：0.15% ~ 0.2%。

还原糖：1 ~ 1.5 g/mL。

③微生物

不得检出挥发酸，无致病菌。

（2）工艺流程

原料→清洗→粉碎→蒸煮→糖化→榨汁→发酵→过滤→杀菌→包装→成品。

（3）技术要点

清洗：把红肉猕猴桃残次果用清水洗去表面泥沙和污染物。

蒸煮：将破碎后的果肉和果汁一起放入蒸煮锅内，蒸煮 1 h。

糖化：蒸熟的果料在 60 ~ 65 ℃时，加入麸曲，加入量为果料总量的 5%，拌匀，与剩余果料一起放入糖化容器中，使温度保持在 60 ~ 65 ℃进行 2 h 糖化。

榨汁：将糖化料用榨汁机取汁。

发酵：将榨出的果汁糖度调整到 7%，并使温度保持在 30 ~ 35 ℃，加入酵母液（占总量的 8%），密封，在 30 ℃环境条件下发酵一周，后加入 5% 的醋酸菌液，并将液全部转入通风发酵罐中，保持温度 30 ℃，进行有氧发酵 1 个月，其醋酸酸度达到 3.5% 发酵即成。

包装：将发酵液过滤、杀菌、装瓶即成。

训练任务

工具与材料准备

准备好调查用的笔记本电脑或智能手机，准备好参观实习记载用笔记本、笔。

任务要求

学生以学习小组为单位进行实习；实习地点为本地猕猴桃加工企业。

任务要求

1. **实习准备**　学生通过网络查询、期刊查询、图书借阅等途径，了解世界及我国猕猴桃果实加工情况。

2. 实习活动　学生在查阅资料的基础上，进一步通过现场实习，了解目前国内外猕猴桃果实加工产品种类，了解猕猴桃果实加工前景。

思考与练习

1. 红肉猕猴桃原汁加工技术流程是怎样的?
2. 红肉猕猴桃浓缩汁加工技术流程是怎样的?

考核评价

红肉猕猴桃原汁加工实习

实习地点：

班级：_____　　组别：_____　　姓名：_____　　成员：_____

考核项目		内容	分值	得分
技能操作（55分）	原料选择与处理	原料选择成熟度不合适，未剔除成熟度不够或发霉变质果、病虫害果和破裂果，果实清洗不到位，果面有泥沙、杂物，每项酌情扣 1 ~ 2 分	10	
	破碎压汁	果实破碎不彻底，渣汁分离不好，酌情扣 1 ~ 2 分	5	
	口味调配	口味调配不好，糖酸比例不符合大众口味，酌情扣 1 ~ 2 分	10	
	脱气均质	果汁中气体排放不彻底，果肉细化不到位，大小不均匀，酌情扣 2 ~ 5 分	10	
	过滤装罐密封	过滤不到位，肉粒不均匀，罐消毒不完全，未趁热装罐，密封温度低于 65 ℃，酌情扣 2 ~ 5 分	10	
	杀菌冷却	杀菌温度不够，时间太短或太长，未擦干水分，未倒置堆垛，酌情扣 2 ~ 5 分	10	

考核项目		内容	分值	得分
素质 （35分）	工匠精神	工作不认真，吃苦耐劳不够，酌情扣1～5分	5	
	纪律出勤	无故缺席扣5分，迟到早退每次扣1分，其他违纪情况酌情扣1～5分	5	
	"三农"意识	损坏果树、庄稼扣2～5分，文明用语不当扣2分	5	
	劳动意识	工作现场清理不到位扣2分，劳动任务完成不好扣3分	5	
	团结协作	无合作探究氛围，不互助互学，不合作解决问题，各扣1分	5	
	食品安全意识	操作不规范，存在污染原料行为，酌情扣2～5分	5	
	环保意识	乱丢乱扔垃圾扣2分，工作中损坏果树枝叶或不节约材料酌情扣1～5分	5	
反思 （10分）	作业总结	作业不认真、不规范，格式不符合要求，书面不整洁，不按时完成各扣2分；不及时完成问题处理与反思总结扣5分	10	
合计			100	
评价人员签字		1. 任课教师： 2. 实习指导教师： 3. 专业带头人： 4. 园区（企业或行业）技术员：		

1月（小寒、大寒）

1. 幼树整形，成年树修剪。

2. 育苗地整地，苗圃嫁接。

3. 树冠全面喷 5 波美度石硫合剂。

4. 新建园补栽。

2月（立春、雨水）

1. 施芽前肥，氮肥为主，成年树株施尿素 1 kg，兑水 15 kg 灌溉。

2. 树冠全面喷 3 ~ 5 波美度石硫合剂。

3. 嫁接苗木。

3月（惊蛰、春分）

1. 1 000 倍甲基硫菌灵加 800 倍中生菌素树冠喷雾，综合预防多种真菌和溃疡病、花腐病。

2. 播种育苗。

4月（清明、谷雨）

1. 绑蔓、抹芽、摘心、扭梢、打尖、间作管理。

2. 喷药防虫防病，人工捕捉金龟子等害虫。

3. 苗圃地锄草、灌水、施肥。

4. 疏蕾、疏花、人工授粉。

5月（立夏、小满）

1. 防治病虫：2 500 倍亩旺特加 + 2 500 倍腐霉利 + 800 倍中生菌素树冠喷雾，综合防治卷叶蛾、褐斑病、溃疡病为代表的害虫、真菌和细菌病害。

2. 雄株修剪：修剪程度相似于冬季修剪，疏短结合，更新促发健壮的营养枝。

3. 幼树绑蔓、引缚上架：按"一干、两蔓、八侧"培养树形。

4. 疏果、套袋：谢花后 30 d，按叶果比 6∶1 留果，用 2 500 倍毒死蜱 + 3 000 倍定酰菌胺 + 800 倍中生菌素树冠喷雾后，药水干后套果，当天喷药当天套完。

5. 施壮果肥：成年树参考用肥尿素 2 kg + 磷酸二氢钾 1 kg，兑水灌溉。

6月（芒种、夏至）

1. 幼树拉枝绑蔓，成年树继续夏季修剪。

2. 本月是介壳虫集中孵化期，防治药剂参照5月。

3. 果园覆盖。

4. 堆沤基肥。

7月（小暑、大暑）

1. 加强果园水分管理，保持田间持水量60%～80%，旱灌，涝排。

2. 用药防治褐斑病、黑斑病、轮纹病引起早期落叶。

3. 夏季嫁接。

4. 果园覆盖。

8月（立秋、处暑）

1. 用药防治褐斑病、黑斑病、轮纹病，避免引起早期落叶。

2. 严格控制肥水施入，保证果实应有品质。

9月（白露、秋分）

1. 果实采收。

2. 用2 500倍亩旺特加 ＋2 500腐霉利 ＋800倍中生菌素树冠喷雾，综合防治病虫。

3. 清理果园沟渠，加强果园排水。

10月（寒露、霜降）

1. 清洁果园，树干涂白（用1份石灰 ＋1份硫酸铜 ＋100份水及少许食盐的波尔多液浆）。

2. 施基肥。每667 m² 施用已经腐熟的农家肥4 000 ～ 5 000 kg（含堆沤加入的300 kg磷肥、200 kg饼肥、2 ～ 3 kg铁、锌、镁肥）。幼龄园扩穴抽槽深施，成年园隔行抽槽深施。

11月（立冬、小雪）

1. 继续10月未完成工作。

2. 苗圃起苗，新建园定植，幼园补栽。

12月（大雪、冬至）

1. 幼树整形，成年树修剪。

2. 树体喷雾5波美度石硫合剂。

3. 清洁园土，地面喷药杀虫、杀菌。

苍溪红阳猕猴桃质量等级标准

 苍溪县红阳猕猴桃质量等级标准

1. 范围

本文规定了红阳猕猴桃鲜果的规格、等级、检验方法、判定规则、包装和标识。

本文适用于广元市内种植的红阳猕猴桃品种果实的分级。

2. 规范性引用文件

GB/T 40743—2021 猕猴桃质量等级

GB/T 191 包装储运图示标本

GB 5009.3 食品安全国家标准 食品中水分的测定

GB/T 30763 农产品质量分级导则

NY/T 1794 猕猴桃等级规格

NY/T 2637 水果和蔬菜可溶性固形物含量的测定 折射仪法

NY/T 5344.4 无公害食品 产量抽样规范 第4部分：水果

3. 术语和定义

下列术语和定义适用于本文件

3.1 苍溪县

苍溪县指四川省苍溪县行政区划内适宜种植红阳猕猴桃区域。

3.2 红阳猕猴桃

红阳猕猴桃指四川省苍溪县行政区划内红阳猕猴桃适宜种植区内种植的红阳猕猴桃。

3.3 红阳猕猴桃鲜果

红阳猕猴桃鲜果指四川省苍溪县行政区划内红阳猕猴桃适宜种植区内种植的红阳猕猴桃所采摘的鲜果。

3.4 品种典型特征

品种典型特征是指本品种果实达到采收成熟度时固有的形状、色泽和内质。

4. 质量等级要求

4.1 基本要求

具有品种典型特征。采收时期果实可溶性固形物含量 ≥ 18%，干物质含量 ≥ 15%。

4.2 等级划分

按照 GB/T 40743—2021 规定的原则并参考 NY/T 1794，将符合基本要求的猕猴桃鲜果分为特级、一级和二级，各等级指标应符合表 1 规定。

表 1 各等级指标

项目		等级		
		特级	一级	二级
感官指标	形变总面积 /cm²	无	≤ 1	≤ 2
	色变总面积 /cm²	无	≤ 1	≤ 2
	果实表面水渍印，泥土等污染总面积 /cm²	无	≤ 1	≤ 2
	轻微擦伤、已愈合的刺伤、疮疤等果面缺陷总面积 /cm²	无	≤ 1	≤ 2
	空心、木栓化或者果心褐变等果肉缺陷总面积 /cm²	无	≤ 1	≤ 2
	果形	长圆柱形或倒卵圆形，无畸形	长圆柱形或倒卵圆形，无畸形	长圆柱形或倒卵圆形，无明显畸形
	果面	无污染，无皱缩，无瘢痕，无缺陷；果皮着色均匀，呈黄绿色或浅绿色	无污染，无皱缩，无瘢痕，无缺陷；果面着色均匀，呈黄绿色或浅绿色	无污染，无皱缩，瘢痕、斑迹或缺陷总面积≤ 2 cm²，果面黄绿色或浅绿色
	果肉	果肉黄绿色或黄色，果心红色	果肉黄绿色或黄色，果心红色	果肉黄绿色或黄色，果心红色
	种子颜色	褐色	褐色	褐色
单果重 /g		≥ 80	70 ~ 80	60 ~ 70
缺陷果 /%		0	≤ 2	≤ 3
注 1：形变指果面不平整、不端正、皱缩，存在缺陷。				
注 2：色变指果面有水渍印、泥土、污物、伤疤、日灼及其他杂质。				

4.3 容许度

按 NY/T 1794—2009　3.2 规定执行。

4.4 采收期确定

按照果实达到本标准规定的理化指标的适宜采时间，主要采收指标见表2。

表 2　红阳猕猴桃鲜果生理成熟指标

生理成熟指标	特级	一级	二级
可溶性固形物 /%	≥ 18	≥ 18	≥ 18
总糖 /%	≥ 12	≥ 12	≥ 12
干物质 /%	≥ 17	≥ 17	≥ 17
果实硬度 / (kg/cm^2)	8 ~ 10	8 ~ 10	8 ~ 10
生长天数 /d (±10 d)	135	135	135

5. 检验方法

5.1 感官检验

将鲜果置于自然光下，果形、果面指标主要采用目测法；果肉、种子解剖后采用目测法；果面、果肉缺陷可借助放大镜、水果刀、量具等进行。果面缺陷检验时，一个果实存在多种缺陷，只记录主要的缺陷，不合格果率按照公式（1）计算，用百分数表示，精确到小数点后 1 位。

$$\beta = m_1/m \times 100\% \cdots\cdots\cdots\cdots\cdots\cdots\cdots（1）$$

式中：β 指单项不合格率；m_1 指不合格果质量或果数；m 指检验样本数的总质量或总果数。

5.2 单果重

用精度 0.1 g 以上的电子秤分别测定。

5.3 硬度检测

随机抽取 20 ~ 30 个果实，用果实硬度计检测，测定结果保留小数点后 1 位数。

5.4 可溶性固形物的测定

按 NY/T 2637 的规定测定。

5.5 干物质的测定

按照 GB 5009.3 中规定的方法进行水分含量（m_0）测量，干物质含量按照公式（2）计算，用百分数表示，精确到小数点后一位。

$$\alpha = 1 - m_0 \quad\cdots\cdots\cdots\cdots\cdots\cdots\cdots\cdots\cdots\cdots\cdots\cdots\cdots（2）$$

式中：α 指干物质含量，% ；m_0 指鲜果水分含量，%。

6. 检验规则

6.1 组批

同一园地、同一品种、同一成熟度、同一批采收、同一等级的产品作为一个检验批次。

6.2 抽样

6.2.1 果品的取样准备

果品取样要求及时，每批果品要单独取样。如果由于运输过程发生损坏，其损坏部分（包装盒、包装箱等）应与完整部分隔离，并进行单独取样。如果认为果品不均匀，除贸易双方另行磋商外，应当把正常部分单独分出来，并从每一批中取样鉴定。

抽检果品要从果品的不同位置和不同层次进行随机取样。

6.2.2 抽样量

按 NY/T 5344.4 的规定执行。

6.3 交收检验

每批产品交收前，生产单位都应进行交收检验，检验内容为 4.1 规定的所有项目。检验合格的产品方可交收。

6.4 判定规则

交收检验项目全部符合本文件相应要求的，判定该批产品符合等级规定。若检验结果中有一项不符合的，允许从该批产品中酌情增加应抽检数量20%进行复检不合格项一次，若复检仍不符合的，则判为该批产品不符合等级规定。

6.4.1 通用要求

各级果品容许度规定允许的不合格果，只能是邻级果，不允许隔级果。容许度的测定以检验全部抽检包装件的平均数计算。容许度规定的百分率一般以数量或重量计算。

6.4.2 产地验收及质量检验容许度

特级果允许有 5% 以下的果实不符合本等级规定的等级划分要求；一级果允许有10% 以下的果实不符合本等级规定的等级划分要求；二级果允许有 10% 以下的果实不符合本等级规定的等级划分 要求。

单个包装内最大果实与最小果实单果重差异按照 NY/T 1794 规定执行。

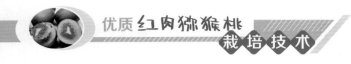

7. 包装、标识

7.1 包装

果实应用适当保护的方式包装，包装内不得有异物；单个包装内的果实产地、品种、品质和等级相同；果实上的粘贴物除去时，既不能留下可见的胶水痕迹，也不能导致果皮缺陷；包装材料应洁净且不会对产品造成外部或内在的损伤，包装材料，尤其是说明书和标识，其印刷和粘贴应使用无毒的墨水或胶水；特级和一级猕猴桃果实建议单层托盘包装，果实之间应隔开。

7.2 标识

应在各包装的同一侧外面，标明产品名称、品种、产品执行标号、等级、大小、生产单位和详细地址、产地及采收、包装日期等。要求字迹清晰、完整、准确。

储运图示标志应符合 GB/T 191 的规定。